PREMIERS

EXERCICES DE CALCUL

ET PETITS PROBLÈMES RAISONNÉS

PARIS. — IMPRIMERIE CHARLES BLOT

7, RUE BLEUE, 7

PREMIERS
EXERCICES DE CALCUL

ET

PETITS PROBLÈMES RAISONNÉS

ACCOMPAGNÉS DE QUESTIONNAIRES

A L'USAGE DES CLASSES ENFANTINES

PAR

Mlle A. GAUDON

Directrice de l'École maternelle communale
de la rue de l'Arbalète

SECONDE ÉDITION

PARIS
LIBRAIRIE HACHETTE ET Cie
79, Boulevard Saint-Germain, 79.

—

1879

©

AVERTISSEMENT

Il ne manque pas de recueils de problèmes et d'exercices arithmétiques pour les élèves des classes déjà un peu avancées. Le but de ce petit ouvrage est tout autre. Il s'adresse aux jeunes enfants, aux élèves des petites classes.

A ce moment, ce n'est pas d'opérations compliquées et abstraites qu'il s'agit. Il s'agit de faire comprendre aux enfants, à l'aide de procédés *concrets*, ce que c'est que *nombre, unité;* de les initier aux exercices de la numération, enfin, de leur faire comprendre la *nature* et le *but* des quatre opérations fondamentales, en les leur présentant sous la forme la plus saisissable, et avec les *nombres* les *plus simples.*

Il faut que les notions fondamentales soient sans cesse rappelées aux enfants, que des questions variées, des exercices multipliés, sous une forme familière, enjouée même, leur fasse comprendre et retenir la valeur des termes relatifs aux nombres, aux quantités, etc., employés en arithmétique et dans le langage courant. Il est surtout indispensable que l'enfant soit exercé à raisonner juste en fait de nombres comme en toutes choses, à juger, à faire acte spontané de bon sens. En un mot, il s'agit plutôt ici de raisonnement que de calcul.

N'est-ce pas, en effet, chose fâcheuse que de voir, comme trop souvent on a lieu de le constater dans les classes, de voir, dis-je, des élèves faire couramment, mais tout mécaniquement des opérations assez compliquées et rester muets dès qu'on leur propose d'appliquer le raisonnement aux données du problème le plus simple, à quelqu'une de ces questions que la pratique de la vie nous pose à chaque instant du jour? C'est qu'on ne les a pas, dès le début, conduits à bien se rendre compte de la *nature* des opérations, des conditions, aux-

quelles elles correspondent, de la nature et du rôle
des nombres qui y interviennent; toutes choses
de jugement et non de pure mémoire;

C'est par voie *intuitive* que la notion du nombre
et de ses combinaisons doit pénétrer dans l'esprit
de l'enfant; c'est par voie de *raisonnement* qu'il
doit être conduit graduellement à comprendre le
mode d'opérer en fait de calcul.

Faisons observer qu'il n'y a pas lieu de se hâter
vers les grands nombres et les opérations compliquées; il faut craindre ici, comme en toutes choses,
de dépasser la limite des facultés de nos jeunes
élèves. C'est pourquoi, dans les séries d'exercices
raisonnés et de petits problèmes, nous avons cherché à nuancer la progression avec le plus grand
soin. Partant, nous avons recherché les nombres
simples, faciles, les petits chiffres, afin que l'intelligence de l'enfant, n'ayant pas à faire d'efforts
pour *effectuer* l'opération elle-même, son attention
se reporte librement sur les *données* du problème,
sur la *nature* et le *but* de l'opération à faire pour
répondre aux conditions posées, sur le raisonnement, en un mot.

Si nous voulons que notre enseignement réus-
sisse, surtout avec de jeunes enfants, nous devons

le leur présenter sous une forme qui suscite et soutienne leur attention. Voilà pourquoi nous avons choisi pour *matières*, dans nos petits problèmes et exercices, les objets les plus familiers aux enfants, ceux qui peuvent les intéresser, ceux qu'ils voient autour d'eux, à l'école, dans leur famille.

On dira, à ce propos, qu'une addition est toujours une addition; que la *nature* des unités additionnées n'y change rien. — N'y change rien, pour vous, non, sans doute; mais pour un enfant, c'est tout autre chose. Si les objets dont il est question sont de nature à l'intéresser, plaisent à son imagination, rentrent dans le cadre de ses préoccupations habituelles, il sera pris à ce piége naïf; il accordera toute son attention au problème.

Proposez à l'enfant de calculer combien il y a de roses sur le rosier du jardin, de noisettes dans la corbeille; combien il lui faut de pas pour faire le tour de la cour; ou bien faites-lui calculer le nombre de kilogrammes d'huile vendus chez l'épicier; mêmes questions, mêmes nombres; vous verrez la différence.

Les questionnaires qui accompagnent chaque exercice sont très-importants; et souvent même le petit problème n'a été combiné que pour donner occasion au questionnaire.

Les questions, sous une forme aussi variée qu'il a été possible, rappellent sans cesse à la mémoire des enfants les termes, les raisonnements. On trouvera qu'elles se répètent; c'était une nécessité.

Les exercices ont été répartis en sept séries. La première, correspondant à la numération; les quatre suivantes, aux quatre opérations fondamentales.

Mais s'il faut que l'élève soit mis à même d'observer, sur des exemples réitérés, à quelles conditions posées répond chacune des quatre opérations, il n'est pas moins nécessaire qu'il soit exercé ensuite à déterminer réciproquement, la question étant posée, quelle est l'opération qui satisfait aux conditions données. C'est pourquoi une nombreuse série d'*exercices mélangés*, combinés dans cette vue, suit les précédentes.

Enfin, il a paru nécessaire d'initier l'élève à l'intelligence du partage de l'unité en parties égales; aux fractions, en un mot.

Les opérations sur les fractions sont assez difficiles; aussi les avons-nous écartées et renvoyées à une période plus avancée.

Mais pour qu'elles puissent être enseignées plus tard avec succès, il importe que l'enfant soit familiarisé longtemps à l'avance avec l'idée de décomposition et de recomposition de l'entier; qu'il comprenne le rôle des deux termes de la fraction.

C'est à cet enseignement préparatoire que nous avons borné nos petits exercices.

Nous les avons choisis de telle sorte que la *notion de fraction*, présentée d'une manière *concrète*, *palpable*, pénètre sous toutes les formes dans les habitudes d'esprit de l'enfant.

En tête de chaque série, une dizaine d'exercices, spécialement composés dans ce but, sont indiqués comme devant être *mis en action*.

Mettre un problème *en action*, c'est faire exécuter *matériellement*, à l'aide des objets indiqués, et par les enfants eux-mêmes, le rapprochement ou la séparation, le groupement ou le partage *réel* dont les opérations du calcul (addition ou soustraction, multiplication ou division) sont la représentation *abstraite*.

Procédant ainsi, l'enfant apercevra, touchera de la main, pour ainsi dire, le but et la nature des opérations; le calcul des nombres sera pour lui la représentation de combinaisons d'objets, d'unités;

combinaisons réalisées ou réalisables, non plus
seulement un *peu de chiffres* auquel la mémoire
s'attache se plie, mais qui ne rappelle rien de réel,
à n'apprendre rien de pratique.

Que la maîtresse fasse, sous les yeux des enfants,
l'opération *concrète*, groupe, sépare, combine les
unités représentées par des objets, c'est bien; mais
il vaut bien mieux encore que l'enfant lui-même
intervienne, qu'il prenne part à la chose, qu'il y
joue un rôle. Il s'y intéressera bien autrement
quand sa petite personne sera en cause pour si
peu que ce soit... D'ailleurs, cette manière d'agir lui
représentera plus fidèlement encore les conditions
de la pratique de la vie, où les données des calculs
journaliers se présentent directement à nous, où le
plus souvent nous concernent nous-mêmes, nous
mettent *en action*.

Ce petit Recueil d'exercices est le fruit de lon-
gues années de pratique. Il résume, en ce qui tou-
che cette matière, l'enseignement fait par nous
sous nos yeux, dans une école enfantine (École
maternelle communale, rue de l'Arbalète, à Paris,
V arrondissement), et à l'aide duquel nous avons
obtenu les résultats les plus satisfaisants. Tous les
exercices et problèmes ici contenus ont passé par
cette épreuve.

Ce petit ouvrage, n'étant pas une *Arithmétique démontrée aux enfants*, mais un simple recueil d'exercices raisonnés, nous n'avons pas à nous occuper de l'enseignement théorique, ni de la marche à suivre, ni des procédés de démonstration.

Nous nous bornons à dire que dans notre enseignement auquel correspondent directement ces exercices, nous nous conformons à la méthode pédagogique et au mode de démonstration exposée dans le *Manuel des maîtres* (1re et 2e année) par madame Pape-Carpantier, M. et madame Ch. Delon.

Seulement, vu l'âge de mes élèves, j'ai cru devoir me restreindre à demeurer dans la limite du *mille*.

Une notice précédant chaque série d'exercices complétera les indications pratiques nécessaires pour la mise en œuvre.

EXERCICES DE CALCUL

ET

PETITS PROBLÈMES RAISONNÉS

NUMÉRATION

Les objets qui se prêtent le mieux aux exercices *concrets* de numération sont les petits *bâtonnets*, en usage dans la *méthode Frœbel*. De simples allumettes (non soufrées), des brins de paille taillés d'égale longueur peuvent en tenir lieu. Ils sont surtout très-commodes pour la formation et la décomposition de la dizaine, de la centaine, du mille.

Un faisceau de dix bâtonnets, liés avec un fil, représente la dizaine; dix faisceaux semblables, rattachés par un fil commun, figurent la centaine. Enfin, dix paquets de cent, liés entre eux, donneront aux enfants une idée exacte de la grandeur du nombre mille, nombre qu'il serait moins facile de représenter avec d'autres objets.

La plupart des paquets qui servent à la démonstration et à la mise en action des exercices ne se défont jamais; on les laisse liés. Mais en outre il faut que la maîtresse mette entre les mains de chaque enfant, lorsque l'exercice le comporte, un ou deux paquets de dix, qui seront déliés, décomposés et recomposés.

C'est de la sorte que l'enfant arrivera à comprendre la valeur des ordres d'unités et à les associer dans la formation des nombres.

La maîtresse se procurera en outre, pour la première série des dix petits exercices *mis en action,* les objets indiqués dans la donnée.

Ces objets seront posés sur la table en face du groupe d'élèves, et les enfants, tour à tour appelés, viendront *effectuer,* en face de leurs camarades, les groupements indiqués.

C'est aussi un des élèves, tour à tour, qui devra figurer, par des *fiches* sur lesquelles sont gravés des chiffres, les nombres indiqués, quand la nature de la question l'exigera.

Dès que les enfants sauront écrire les chiffres, l'un d'eux viendra les tracer au tableau; les autres les recopieront sur les ardoises qui leur auront été distribuées à cet effet.

Les exercices sur la formation de la dizaine, de la centaine, exigent que l'enfant ait déjà une idée nette de ce que c'est qu'*ajouter, retrancher;* de l'addition et de la soustraction, en d'autres termes. On y arrivera facilement par l'emploi des procédés concrets, universellement connus.

Nos exercices et questionnaires ont en outre pour but de familiariser graduellement les petits élèves avec la signification précise de certains termes usités, tant en calcul que dans le langage journalier, tels que : quantité, valeur, grandeur, groupe d'unités; nombre grand, petit, fort, faible, égal; énoncer, etc.; mots dont le sens resterait pour eux à l'état vague; enfin, de les accoutumer à certaines tournures de phrases usitées dans les énoncés des problèmes.

Beaucoup de nos questions, ainsi qu'on le verra, n'ont pas d'autre but.

Si les personnes qui parcourront cette première série n'oublient pas qu'elle s'adresse à de très-jeunes enfants, elles ne feront pas à ces questions le reproche d'être trop naïves. Ce sont les questions *faciles* qu'il faut multiplier. On n'est jamais trop en garde contre la tentation d'aller trop loin et trop vite.

——————

1. Gustave, venez compter la *quantité* de crayons que j'ai donnés à Louis.

2. Jules a deux noix, Marie en a cinq. Quel est celui des deux enfants qui a la plus grande *quantité* de noix?

3. Lucie, mets huit bâtonnets sur la table; pose sur la boîte une *quantité* de bâtonnets *moindre*.

4. Georges, apporte-moi six ardoises. Léon, donne-m'en une *quantité plus forte*.

5. Quelle *quantité* de pierres ai-je dans ma main droite? — (5). — Ma main gauche en contient-elle une *quantité* plus grande ou plus petite? — (4).

6. Il y a ici deux salles ; le préau et la classe. Dans quelle salle se trouve la plus grande *quantité* de bancs ?

7. Louise a gagné cinq bons points ; Henriette en a gagné neuf. Les bons points de Louise sont-ils en plus ou moins grande *quantité* que ceux d'Henriette ?

8. Sophie, regarde les deux tas de haricots que je viens de placer sur la table ; montre où est la plus forte *quantité* de haricots. Montre la plus faible *quantité*.

9. De quelle *nature* sont les unités qu'Adèle compte en ce moment (cubes, noix, billes, etc.)? Quelle est la *nature* des unités comptées par Lucie (paille, livres, etc.)?

10. Les unités de ce groupe (haricots), sont-elles de même *nature* que les unités de celui-ci (haricots d'une autre couleur) ?

11. Les unités de ce groupe (haricots), sont-elles de même *nature* que celles de celui-ci (noisettes)?

12. Combien voyez-vous *d'unités* représentées par les points que je viens de faire au tableau ?

13. Quel est le nombre *d'unités* contenues dans toutes ces lignes tracées au tableau ?

14. Combien ces cercles dessinés au tableau représentent-ils *d'unités*?

15. Faites un nombre de pas égal au nombre d'*unités* représentées par le chiffre 8.

16. Camille, viens compter les *unités* (bons points) renfermées dans ce petit sac.

17. Georgina a reçu hier 4 francs, combien cela fait-il d'*unités*?

18. Y a-t-il *plus* ou *moins* d'unités représentées par ce chiffre (7) que par celui-ci (9)?

19. J'ai dans cette boîte six pelotes de fil. Combien contient-elle d'*unités?*

20. Je fais trois rangées de noisettes. Comptez combien il y a d'*unités* dans la première *rangée*, combien d'*unités* dans la seconde, dans la troisième?

21. Alexandre, donne une pile d'ardoises au premier élève de chaque banc : à l'élève du premier banc, donne 6 ardoises; à l'élève du deuxième banc, donnes-en 7; donnes-en 8 à l'élève du troisième banc. Combien d'*unités* chaque élève a-t-il reçues?

22. Combien le chiffre 2 indique-t-il d'*unités?*

23. Quelle *quantité* d'unités représente le chiffre 8?

24. Quelle est la *valeur* du chiffre 5?

25. Le chiffre 3 a-t-il une *valeur* plus grande ou moins grande que le chiffre 7?

26. Par quel chiffre représentez-vous neuf plumes ?

27. Quelle est la *valeur* du zéro?

28. Émile, donne-moi autant de billes qu'il y a d'*unités* indiquées par le chiffre 3.

29. Olga, fais un *groupe* de huit bâtonnets.

50. Quel *groupe* de bâtonnets *représente* le chiffre que vous voyez (7)?

51. Par quel *chiffre* faut-il représenter un groupe de quatre bouchons ?

52. Écrivez le *chiffre* qui représente un *nombre* de six poires.

55. Alexis, choisis dans tous ces objets des unités de telle *nature* que tu voudras ; donne trois de ces *unités* à Louise ; représente ce nombre par un chiffre.

54. Henriette, donne-moi une *quantité* de noisettes *égale* à six noisettes.

55. Odile, donne une *égale quantité* de bons points à Jules et à Louise.

56. Émilie, *groupe* huit unités, six unités, etc.

57. Adèle, écris les chiffres trois et cinq. Montre, à l'aide d'objets, celui de ces deux chiffres qui a le plus de *valeur*.

58. Victor, si tu ajoutes un bâtonnet à neuf bâtonnets, quel nombre de bâtonnets obtiens-tu ?

39. Jeanne, compte dix amandes, réunis-les en un seul groupe. Quel nom donnes-tu à ce groupe?

40. Qu'est-ce qu'une *dizaine*? — Combien faut-il d'*unités* pour faire une dizaine? — Combien une dizaine vaut-elle d'*unités*? — Combien d'*unités* forme une dizaine? — Quel nombre d'*unités* y a-t-il dans une dizaine? — Comment écrit-on une dizaine? — Lisez le nombre d'*unités* écrit ici (10).

41. A quel rang doit être placé le chiffre qui marque la dizaine? — A quoi sert le *signe* qui suit? (0). — Pourquoi faut-il mettre un *signe* pour tenir la place des unités, lorsqu'il n'y a pas d'unités en plus de la dizaine?

42. Quels nombres forment : dix bâtonnets plus un bâtonnet, — dix cerises plus deux cerises, — dix règles plus trois règles, — dix porte-plumes plus quatre porte-plumes, — dix images plus cinq images, — dix encriers plus six encriers, — dix tables plus sept tables, — dix vitres plus huit vitres, — dix tableaux plus neuf tableaux? — Écrivez ces nombres à mesure.

43. Si vous ajoutez une feuille d'arbre à dix-neuf feuilles, combien avez-vous de feuilles? — Combien cela fait-il de dizaines?

44. Décomposez en dizaines et en unités les nombres depuis 20 jusqu'à 29.

45. De combien de dizaines se compose le nombre 30?

46. Quels chiffres faut-il pour écrire trente et une bouteilles?

47. Par quels chiffres écrivez-vous trente-deux ballons? — Combien d'unités représente le chiffre des dizaines? — Quel est le chiffre qui représente les unités simples, et à quel rang est-il placé?

48. Écrivez le nombre trente-quatre. — Quel est celui des deux chiffres qui représente ici le plus d'unités? — Pourquoi?

49. Même exercice pour les nombres 35, 36, 37, 38.

50. Écrivez le nombre trente-neuf. — Combien d'unités représente ici le 3? — Pourquoi? — Effacez le chiffre qui représente les unités simples. — Quelle est la valeur du 3, maintenant qu'il est seul? — Pourquoi?

51. Ajoutez une poire à trente-neuf poires. — Combien cela fait-il de poires?

52. Un marchand a vendu au jour de l'an quatre dizaines de toupies. — Écrivez ce nombre. — Combien cela fait-il d'unités? — Effacez le chiffre qui représente les dizaines. — Quel nombre de toupies reste marqué? — Quel signe emploie-t-on pour marquer qu'il n'y a rien?

53. La maman de Victor avait acheté des petits pois au marché. Victor en a pris quatre dizaines plus un. — Écrivez ce nombre. — Combien Victor a-t-il pris d'unités? — Quelle est la nature de ces unités?

54. Lucien, viens mettre sur la table deux bâtonnets. — Écris le chiffre qui représente ce nombre. — Ajoute quatre dizaines de bâtonnets. — Écris le nombre de bâtonnets que tu as maintenant. — Dis ce que représente chaque chiffre.

55. Une marchande, après avoir vendu des pommes toute la journée, en avait encore trois le soir, dans sa voiture. Le lendemain, elle en a remis quatre dizaines et elle a tout vendu. — Combien a-t-elle vendu de pommes ce jour-là?

56. Écrivez le chiffre 4. — Écrivez à sa droite un autre 4. — Quel est celui de ces deux chiffres qui indique le moins d'unités? — Pourquoi? — Quel est celui qui en indique davantage? — Pourquoi?

57. Une petite fille avait une boîte contenant 45 dragées. Elle a distribué à ses compagnes autant de dragées que le chiffre 4 représente ici d'unités. — Combien a-t-elle donné de dragées? — Effacez le chiffre qui représente ce nombre? — Combien reste-t-il de dragées à la petite fille?

58. Écrivez le nombre quarante-six. — Combien voyez-vous d'unités en plus des dizaines? — Remplacez le chiffre des unités simples par un zéro. — Combien y a-t-il maintenant d'unités en

1.

plus des dizaines? — Combien de moins que tout à l'heure?

59. Qu'est-ce que quarante plus sept, quarante plus huit, quarante plus neuf?

60. Combien faut-il ajouter de dizaines à quarante pour avoir cinquante?

61. Combien faut-il ajouter d'unités à quarante-neuf pour avoir cinquante?

62. Écrivez cinquante-un. — Si l'on apportait à la classe autant de bâtons de sucre d'orge que le chiffre 5 représente ici d'unités, combien cela ferait-il de bâtons de sucre d'orge?

63. Un jour, la maîtresse a découpé **52** bons points. Elle en a donné autant qu'il est marqué par le chiffre des unités simples. — Combien en a-t-elle donné? Combien lui en reste-t-il?

64. Écrivez les nombres formés par cinquante plus quatre, cinquante plus cinq, cinquante plus six.

65. Une boîte contenant soixante-deux aiguilles en paquets de chacun dix aiguilles s'est ouverte en tombant. Toutes les dizaines d'aiguilles se sont échappées; il est resté dans la boîte un nombre d'aiguilles égal aux unités simples. — Combien y avait-il d'aiguilles par terre, et combien en est-il resté dans la boîte?

66. Un marchand avait 64 œufs dans une corbeille; il en a vendu six dizaines. — Combien lui en reste-il à vendre?

67. Il y a dans une ferme 65 moutons. — Quel est le chiffre qui représente les dizaines de moutons?

68. Décomposez en dizaines et en unités 66, 67, 68, 69.

69. Si vous augmentez d'une unité le nombre 69, quel nouveau nombre obtenez-vous?

70. Quel nombre faut-il ajouter à sept dizaines pour avoir soixante-treize?

71. Dans un champ, des enfants ont cueilli quatre-vingt-neuf marguerites, plus une marguerite. — Combien cela fait-il de marguerites?

72. Jules, fais neuf tas de pierres, et mets dix pierres dans chaque tas. — Combien as-tu de dizaines de pierres? — Ajoute trois pierres. — Quel nouveau nombre obtiens-tu?

73. Décomposez en dizaines et en unités les nombres 91, 92, 93, 94, 95, 96, 97, 98, 99.

74. Adèle, pose sur la table neuf dizaines de bâtonnets, plus neuf bâtonnets, ajoute à ce dernier groupe un bâtonnet. — Combien y a-t-il de dizaines? — Combien de bâtonnets en tout? — Fais-en un seul groupe. — Quel nom donne-t-on à ce groupe?

75. De combien de dizaines se compose une centaine? — Combien y a-t-il d'unités dans une centaine? — Combien une centaine vaut-elle de dizaines? — Combien d'unités?

76. Écrivez le nombre qui représente cent allumettes. — A quel rang est placé le chiffre qui indique la centaine? — A quoi servent les zéros qui suivent ce chiffre?

77. Lucie, pose sur la table une centaine de bâtonnets; ajoutes-y successivement neuf bâtonnets (en comptant). — Écris à mesure chacun des nombres que tu formes. — A quoi sert le zéro placé dans chacun de ces nombres?

78. Marie, représente avec les bâtonnets les nombres depuis cent dix jusqu'à cent dix-neuf. — Énoncez ces nombres et écrivez-les. — Dis-moi, Amélie, combien il y a de centaines, de dizaines dans chacun de ces nombres, et ce que représente le chiffre placé au premier rang à droite.

79. Décomposez oralement et par écrit les nombres compris entre cent vingt et cent trente.

80. Alphonse, représente treize dizaines à l'aide des bâtonnets. — Écris ce nombre. — Ajoute successivement à ces dizaines neuf bâtonnets. — Écris les nombres à mesure. — A quoi sert le zéro dans le premier nombre? — Pourquoi n'y a-t-il pas de zéro dans les autres nombres?

81. Écrivez quatorze dizaines. — Énoncez ce

nombre en centaines, en dizaines, en unités. — Qu'est-ce que le zéro remplace dans ce nombre?

82. Écrivez les nombres compris entre quatorze et quinze dizaines.

83. Henry, viens montrer, à l'aide des bâton-nets, comment il faut faire pour former les nombres compris entre seize et dix-sept dizaines.

84. Énoncez les nombres compris entre quinze et seize dizaines. — Représentez ces nombres par écrit (au tableau ou à l'aide de fiches).

85. Décomposez oralement et par écrit les nom-bres compris entre dix-sept et dix-huit dizaines.

86. Hortense, représente avec les bâtonnets les nombres suivants : 191, 192, 193, 194, 195, 196, 197, 198, 199, en ajoutant successivement l'unité.

87. Arthur, pose sur la table un groupe de cent bâtonnets, plus un groupe de neuf dizaines, plus un groupe de neuf unités. Écris le nombre formé par ces trois groupes. — Ajoute un bâtonnet. — Combien en as-tu? — Énoncez tous ce nombre en centaines, en dizaines et en unités.

88. Combien y a-t-il de dizaines dans les nom-bres compris entre 200 et 210?

89. Combien y a-t-il de centaines et de dizaines dans les nombres compris entre 210 et 220?

90. Écrivez vingt-trois dizaines. — Combien cela fait-il d'unités?

91. Combien y a-t-il d'unités en plus des centaines et des dizaines dans le nombre 235 ?

92. Combien y a-t-il de dizaines en plus des centaines dans le nombre 247? — Combien d'unités en tout?

93. Combien y a-t-il de dizaines et d'unités en plus des centaines dans le nombre 268? — Combien de dizaines et d'unités en tout?.

94. Combien y a-t-il de dizaines dans le nombre 276?

95. Combien voyez-vous de centaines dans le nombre 289?

96. Dans 290 châtaignes, combien de châtaignes représente le chiffre placé au troisième rang? — Combien le chiffre placé au deuxième rang représente-t-il d'unités? — Quelle est la valeur du signe placé au premier rang? — Qu'indique-t-il?

97. Décomposez par écrit en centaines, dizaines et unités les nombres compris entre 290 et 300.

98. Combien y a-t-il de dizaines dans 300 unités?

99. Écrivez le nombre trois cent vingt-cinq. — Indiquez le nom de chaque ordre.

100. Comment appelle-t-on la réunion de trois ordres?

101. Écrivez 428 pruneaux. — Combien de pruneaux sont représentés par le chiffre de l'ordre des unités simples?

102. Dans un magasin de nouveautés, il y a 568 passe-lacet. — Combien de passe-lacet sont représentés par le chiffre de l'ordre des dizaines et par le chiffre de l'ordre des centaines réunis? — Quel nombre de passe-lacet représente le chiffre de l'ordre des unités simples?

103. Une lingère a confectionné 645 bonnets dans le cours d'une année. — Quel est, dans cette *tranche*, le chiffre qui a le plus de valeur? — Pourquoi?

104. Écrivez le nombre sept cent cinquante-quatre. — Remplacez le chiffre de l'ordre des dizaines par un zéro. — Lisez le nouveau nombre.

105. Écrivez le nombre huit cent neuf. — Remplacez le zéro par un chiffre *significatif*. — Lisez le nouveau nombre.

106. Combien d'unités contiennent neuf centaines?

107. Que faut-il ajouter à neuf cents unités pour avoir neuf cent dix?

108. Quels nombres forment : neuf centaines plus deux dizaines? — Neuf centaines plus trois dizaines? — Neuf centaines plus quatre dizaines? — Neuf centaines plus cinq dizaines? — Neuf cen-

taines plus six dizaines? — Neuf centaines plus
sept dizaines? — Neuf centaines plus huit dizaines?
Neuf centaines plus neuf dizaines?

109. Énoncez les nombres compris entre neuf
cent quatre-vingt-dix et neuf cent quatre-vingt-
dix-neuf.

110. De combien de chiffres se compose une
tranche?

111. Des enfants cueillirent dans un pré sept
cents boutons d'or. — Écrivez ce nombre. — Combien y a-t-il de dizaines?

112. Il y a dans un bocage six cents oiseaux.
— Combien cela fait-il de dizaines d'oiseaux?

113. Un berger a conduit dans la prairie
trois cent vingt-deux moutons. — Écrivez ce
nombre. — Combien y a-t-il d'ordres dans ce
nombre?

114. Un enfant a fait un tas de cinq cent trente
cailloux. — Écrivez ce nombre. — Par quel chiffre
sont représentées les dizaines qui dépassent les
centaines? — Quel chiffre représente les centaines
de cailloux?

115. On a découpé deux cent cinquante bons
points. — Écrivez ce nombre. — Quel chiffre occupe le deuxième rang? — Combien, ainsi placé,
représente-t-il de bons points?

116. Gustave, viens ici poser sur la table neuf

centaines de bâtonnets, plus neuf dizaines, plus neuf bâtonnets. — Dites tous combien cela fait de bâtonnets. — Gustave, ajoute un bâtonnet. — Combien voyez-vous maintenant de bâtonnets? — Combien faut-il de *chiffres* pour écrire ce nombre? — Combien cela fait-il de *tranches*?

117. Combien un mille vaut-il de centaines? — de dizaines? — d'unités?

118. Combien faut-il de centaines pour faire un mille? — Combien faut-il de dizaines? — Combien d'unités?

119. Combien une dizaine vaut-elle d'unités? — Combien une centaine vaut-elle de dizaines? — Combien un mille vaut-il de centaines?

120. Combien une centaine vaut-elle de dizaines? — Combien vaut-elle d'unités?

121. Dites la valeur d'un mille en centaines, en dizaines, en unités.

122. Un panier de fraises en contient cinq mille cinquante. — Écrivez ce nombre. — La maman donne à son petit garçon tout ce qui dépasse les mille. — Combien l'enfant a-t-il reçu de fraises?

125. Un voyageur a fait huit mille pas pour gravir une montagne. — Combien écrivez-vous de chiffres significatifs pour représenter ce nombre?

124. Un marchand de café en a grillé cinq mille quatre cent quinze grains. — Écrivez ce nombre.

— Dites combien d'unités représente le chiffre de chaque ordre.

125. Combien y a-t-il de dizaines de pruneaux dans un sac qui contient deux mille six cents pruneaux?

126. Il y a, dans un bureau de poste, neuf mille cinq cent dix timbres. — Écrivez ce nombre. — Le nombre de timbres représenté par le chiffre des mille est rangé en paquets de cent; combien cela fait-il de paquets? — Le nombre de timbres représenté par le chiffre des centaines est rangé en paquets de dix; combien cela fait-il de paquets? — Le nombre de timbres représenté par les deux premiers chiffres à droite est dans une boîte. — Combien y a-t-il de timbres dans la boîte?

127. Un pâtissier a fait quatre mille deux cent trente-cinq petits gâteaux à thé. — Ecrivez le nombre qui représente cette quantité. — Les enfants du pâtissier reçoivent, pour leur dessert, le nombre de gâteaux représenté par le chiffre des unités simples. — Combien les enfants mangent-ils de gâteaux?

128. Que représente le chiffre placé au deuxième rang dans le nombre sept mille neuf cent vingt-huit?

129. Combien y a-t-il de centaines dans les nombres : mille unités? — deux mille quatre cents unités? — trois cent vingt-cinq unités?

130. Dans cinq mille trois cent vingt-cinq pommes, combien y a-t-il de dizaines en plus des mille et des centaines? — Quel chiffre représente ces dizaines?

151. Un pharmacien avait dans sa boutique six mille cent quarante boules de gomme sucrée. Pendant l'hiver il en a vendu un nombre représenté par l'ordre des mille et par l'ordre des centaines réunis. — Combien le pharmacien a-t-il vendu de boules de gomme?

152. Décomposez en centaines le nombre deux mille huit. — Exprimez le même nombre en dizaines.

155. Un épicier a cassé un pain de sucre en cinq mille trois cent dix-huit morceaux. — Écrivez ce nombre. — Combien y a-t-il de dizaines de morceaux de sucre.

154. Écrivez le nombre quatre mille six cent soixante-quinze. — Dites la valeur *relative* de chaque chiffre.

155. On a apporté dans une classe treize cents cahiers; la maîtresse les a rangés dans une armoire en piles de cent. — Combien y a-t-il de piles?

156. Combien y a-t-il de centaines de figues (en tout) dans huit mille quatre cent cinquante-trois figues? — Combien y a-t-il de dizaines (en tout)?

137. Si l'on compte par dizaines trois mille deux cent quarante pêches, combien en trouvera-t-on de dizaines? — Combien y a-t-il de pêches en plus des dizaines?

138. Une mercière a neuf mille quatre cent soixante-dix épingles. — Écrivez ce nombre. — Si elle vend un nombre d'épingles représenté par les deux premiers chiffres à droite, combien en vendra-t-elle?

139. Quels chiffres faut-il pour écrire huit mille sept cent trente-cinq agrafes? — Quel est, dans ce nombre, le chiffre qui occupe l'ordre des dizaines? — Quel nombre d'agrafes indique-t-il? — Exprimez le nombre d'agrafes représenté par le chiffre placé au quatrième rang.

140. Un fermier a fait faucher l'herbe de son pré et a récolté deux mille quatre cent six bottes de foin. — Combien faut-il de chiffres pour écrire ce nombre? — Combien y a-t-il de bottes de foin dépassant les mille? — Combien de bottes représentent les deux premiers chiffres ensemble à la droite du nombre?

141. Une fruitière a acheté à la halle un panier de cerises qui en contient deux mille cinq cent vingt. — Écrivez ce nombre. — Quel est le chiffre placé au troisième rang? — Combien, ainsi placé, représente-t-il de cerises? — Pourquoi y a-t-il un zéro au premier rang?

142. Un petit livre d'histoires contient sept

mille lignes. — Combien faut-il de chiffres significatifs pour écrire ce nombre? — A quoi servent
les zéros qui suivent le chiffre significatif?

143. Un marchand de chocolat en a vendu cinq
mille neuf cent douze tablettes. — Combien de centaines de tablettes ont été vendues en tout? —
Combien de tablettes représente le chiffre des
unités simples?

144. Un tapissier a cloué six mille clous dorés
sur des garnitures de cheminées. — Combien a-t-il
posé de centaines de clous?

145. Écrivez le nombre deux mille vingt unités.
— Combien y a-t-il de centaines dans l'ordre des
mille? — Combien de centaines en plus des mille?
— Combien de dizaines en plus des mille et des
centaines? — Combien d'unités représente l'ordre
des unités simples?

146. Écrivez le nombre neuf mille cinq cent
quarante-six. — Remplacez par des zéros les chiffres qui occupent l'ordre des centaines et l'ordre
des unités simples. — Énoncez le nouveau
nombre.

147. Il y a chez un libraire huit mille sept cent
livres. — Quel rang occupe le chiffre qui indique
les centaines? — A quel rang est placé le chiffre
des dizaines?

148. Décomposez en centaines, dizaines et

unités le nombre quatre mille trois cent dix plumes?

149. Combien y a-t-il de centaines de plumes dans trois mille trois cent dix plumes?

150. Écrivez le nombre qui représente huit mille cinquante allumettes. — Dites à quoi servent les zéros posés dans ce nombre?

———

ADDITION

Pour la série des petits problèmes mis en action, les objets représentant les unités sont disposés sur une table bien en vue du groupe d'enfants. Tandis que les élèves appelés viennent, chacun à leur tour, effectuer la réalisation des opérations à l'aide des objets, un autre enfant écrit à mesure au tableau ou compose, à l'aide de caractères mobiles, les nombres qui représentent, dans le calcul, les groupements opérés en réalité sur les objets. Que tout concoure à bien faire comprendre aux enfants cette relation.

Quant aux problèmes qui ne se prêtent pas à cette sorte de réalisation, on pourra employer successivement, pour varier, l'un ou l'autre de ces deux procédés :

1° Les enfants, successivement appelés, viendront poser les fiches portant les chiffres, ou écrire les opérations au tableau; 2° les enfants seront invités à *dicter* ensemble les chiffres et les signes, et le maître écrira sous la dictée, rectifiant s'il y a eu erreur. De la sorte, les élèves interviendront, et leur attention sera soutenue.

Faites toujours employer les signes + et =, tant pour écrire les opérations à faire que devant les nombres de l'opération posée. Écrivez au-dessous ou en face des nombres la nature des unités, ainsi qu'il suit :

			TOTAL.
10	+ 5	=	15
Pommes.	Pommes.		Pommes.

OPÉRATION POSÉE.

$$10 \text{ pommes.}$$
$$+ \ 5 \text{ pommes.}$$

TOTAL : 15 pommes.

Ne craignez ni les longueurs, ni les répétitions; l'enfant n'en aura que plus le temps de comprendre et de réfléchir. Le moment des abréviations n'est pas venu.

Si un certain genre de problème, une certaine manière de poser les questions laissent les enfants hésitants, après avoir bien expliqué les conditions et fait résoudre le problème, le maître devra immédiatement en composer plusieurs sur le même type, en changeant seulement les nombres et la nature des unités, jusqu'à ce que les enfants se soient familiarisés avec cette tournure qu'ils n'avaient pas saisie tout d'abord.

Le maître pourra faire exécuter *mentalement*, c'est-à-dire sans le secours des objets et des chiffres, quelques-uns des calculs choisis parmi ceux qui présentent des nombres très-simples.

1. Marie met 8 noisettes dans sa poche ; on lui en ajoute 5. — Combien a-t-elle de noisettes dans sa poche ?

RAISONNEMENT.

Pour savoir le résultat, je réunis les deux nombres en un seul. Je dis donc :

TOTAL.

8   +   5   =   13

Noisettes   *plus*   noisettes   *égale*   noisettes.

Marie a dans sa poche un total de ...? (treize noisettes).

2. Vous voyez ici quatre livres et 8 crayons. Si je réunis ces deux nombres en un seul, quelle sera la *nature* des unités du total ?

TOTAL.

4   +   8   =   12

Livres   *plus*   crayons   *égale*   .....

Peut-on additionner des livres avec des crayons ? — Que faut-il pour que l'addition soit possible ? — Remplacez les crayons par des unités de même nature que les livres. — Peut-on faire l'addition maintenant ? — Faites l'opération. — Quelle est la nature des unités du total ?

3. Henry trace 6 points à la craie ; Paul en trace 4. — Quel est le total des points tracés ? — Comment avez-vous fait pour trouver le total ? — Quel chiffre représente le plus petit nombre de

2

points? — Par quel chiffre est représenté le plus grand nombre de points? — Quel est le signe de l'addition? — Que signifie-t-il?

4. Alphonsine a ourlé jeudi 3 mouchoirs ; vendredi elle en a ourlé 5. — Combien a-t-elle ourlé de mouchoirs en deux jours?— Quel jour Alphonsine a-t-elle ourlé le plus grand nombre de mouchoirs? — Combien l'enfant a-t-elle mis de jours pour ourler tous les mouchoirs? — De quelle nature sont les unités du total? — Qu'est-ce qu'un total?

5. La maîtresse a fait au tableau un dessin composé de 8 lignes ; un autre de 7 lignes, et un troisième de 6 lignes. — Combien la maîtresse a-t-elle tracé de lignes en tout? — De combien de nombres se compose le total?

6. Pendant une journée, André a travaillé 8 heures et Pierre 6 heures. — Combien cela fait-il d'heures en tout? — Qui a travaillé le plus grand nombre d'heures?

7. Il y a sur la table 5 plumes et 2 mètres de ruban. — Pourra-t-on additionner ces deux quantités? — Quel nom donner aux unités du total? — Remplacez le nombre de mètres de ruban par un nombre égal de plumes. — Peut-on faire l'addition maintenant? — Additionnez les deux nombres. — Quel nom donnez-vous aux unités du total?

8. Le papa de Jules a gagné 3 francs lundi

et 4 francs mardi. — Quel est le total de la somme reçue par le papa de Jules? — Représentez par des lignes horizontales le nombre de francs gagnés le lundi. — Tracez autant de lignes verticales qu'il y a d'unités dans la somme reçue le mardi. — Représentez le total des francs par des lignes obliques.

9. J'ai 3 bonbons dans une petite boîte : j'en ajoute 4. — Combien y a-t-il de bonbons dans la boîte? — Quel nom donnez-vous aux unités qui sont dans la boîte? — Combien de nombres ont formé le total de ces unités? — Quelle opération avez-vous faite pour trouver le total?

10. Amélie trace 3 lignes sur une page, 7 sur une autre, 9 sur une troisième. — Que faut-il faire pour savoir combien Amélie a tracé de lignes en tout? — Faites l'opération.

11. Dans notre école, on a usé 8 éponges pour effacer la craie au tableau noir, et 4 pour laver le plancher du préau. — Quelle est la quantité d'éponges usées? — Quelle opération avez-vous faite pour obtenir le résultat demandé?

12. Victor a acheté 5 centimes de pommes de terre frites pour lui, et 5 centimes pour son petit frère. — Combien a-t-il donné au marchand? — De combien d'unités se compose le total?

13. Une lingère a garni 6 bonnets avec des rubans bleus, 4 avec des rubans jaunes et 8 avec des rubans roses. — Combien a-t-elle garni de bon-

nets? — Que signifie le signe arithmétique que
vous avez mis entre chaque nombre pour indiquer
l'opération à faire?

14. Armand a acheté 10 centimes de pain et
15 centimes de chocolat pour son déjeuner. —
Quelle somme a-t-il dépensée? — De combien d'u-
nités se compose le total?

15. La maman d'Émile l'envoie un jour au grenier. En montant l'escalier, le petit garçon aperçoit 3 souris qui s'enfuient dans un trou. Il en
voit ensuite 2 autres dans un coin du grenier, puis
4 qui courent sur le toit. — Combien Émile a-t-il
vu de souris? — Où a-t-il vu la plus grande quantité de souris? — Le total est-il plus grand que
chacun des nombres additionnés? — Pourquoi?

16. Le petit Adolphe est si content de savoir
lire couramment qu'il lit toutes les enseignes des
magasins. Un jour, en se promenant avec sa sœur,
il lut 3 enseignes sur les boulevards, 4 sur les
boutiques de jouets et 2 sur des magasins de nouveautés. — Combien Adolphe a-t-il lu d'enseignes?
— Le total représente-t-il plus ou moins d'une
dizaine?

17. Un commissionnaire a monté 3 étages dans
une maison, 6 dans une autre, 4 dans une troisième et 5 pour rentrer chez lui. — Dites le nombre
d'étages que le commissionnaire a montés.

18. Un marchand de journaux en vend 25 le matin et 12 le soir. — Combien cela fait-il de journaux vendus à la fin de la journée? Combien de dizaines de journaux?

19. Un marchand de sabots en a vendu 22 paires dans une pension de petites filles et 34 paires dans une école de garçons. — Combien de paires de sabots ont été vendues? — Quel nom donnez-vous au nombre qui indique le résultat?— Les nombres additionnés sont-ils de même nature que le total?

20. On a récolté un jour sur un prunier quatre dizaines de prunes, et le lendemain 35 prunes. — Combien a-t-on récolté de prunes en tout?— Combien le total contient-il de prunes en plus des dizaines?

21. Il y a, dans un jardin, un rosier qui porte 12 roses, un autre 7 roses, et un troisième 10. — Combien y a-t-il de roses sur tous les rosiers ensemble? — De combien de nombres le total est-il formé? — Combien y a-t-il de dizaines de roses dans les trois rosiers réunis?— Quel est le chiffre du total qui représente ces dizaines?

22. Un monsieur partit un matin à la campagne avec ses deux enfants. Il dépensa 3 francs pour le chemin de fer, 5 francs pour la nourriture, et acheta deux joujoux qui lui coûtèrent 4 francs. — Dites le total de la somme dépensée par le père.

2.

— La dépense va-t-elle *au delà* d'une dizaine de francs?

23. Un cultivateur a travaillé dans son champ : lundi pendant 4 heures, mardi 5 heures, mercredi 2 heures, jeudi 3 heures, vendredi 1 heure, samedi 7 heures. — Combien le cultivateur a-t-il employé d'heures pendant la semaine à la culture de son champ?

24. Une paysanne nourrit des lapins dans une cabane; il y en a 9 blancs, 8 gris, 7 bruns. — Combien cela fait-il de lapins? — Quels lapins sont en plus grand nombre? — Les trois nombres additionnés sont-ils tous de même nature? — Le total exprime-t-il des unités de même nature que les nombres additionnés?

25. Jules aime beaucoup à jouer aux billes; aussi, il en a dans les poches de tous ses vêtements. Un jour, sa maman en a trouvé 5 dans son pantalon, 4 dans sa blouse, 6 dans sa veste, 3 dans son gilet. La maman a compté les billes en les rangeant dans un sac. — Quelle opération la maman a-t-elle faite? — Combien a-t-elle compté de billes en tout? — Quels chiffres faut-il pour écrire le résultat?

26. Un enfant a acheté des bons-hommes de pain-d'épice. Il en donne 4 à un camarade, 6 à un autre, 5 à son frère et il en garde 3 pour lui. Puis il demande à son frère : combien avais-je de bons-hommes de pain-d'épice? — L'enfant interrogé écrit les nombres, sépare chacun d'eux par un *signe arithmétique*, et après avoir compté, il écrit le *résultat*. — Faites comme l'enfant interrogé.

27. Jules et Henry s'amusaient à compter des cailloux. Jules dit à Henry : j'ai 8 cailloux dans ma main droite et 4 dans ma main gauche; combien cela fait-il de cailloux dans mes deux mains ensemble? — Que fit Henry pour répondre à Jules? — Combien Henry trouva-t-il de cailloux au total? — Dans quelle main Jules avait-il le moins de cailloux?

28. Georges et Victor font des petits bateaux en papier pendant la récréation. Georges en a déjà fait 5; mais Victor, qui est plus jeune, n'en a fait que 2. Au moment d'entrer en classe, les enfants rangent les bateaux tous ensemble dans une boîte. — Quel est le total des bateaux contenus dans la boîte? — De combien d'unités se compose le plus grand nombre? — Quel nombre d'unités représente le total?

29. Une marchande fruitière a quatre corbeilles de fraises à vendre. Elle vend la première corbeille 4 francs, la deuxième 7 francs, la troisième 3 francs et la dernière 8 francs. — Comment fera-t-elle pour connaître sa recette? — Combien a-t-elle vendu les deux dernières corbeilles prises ensemble? — La première corbeille a-t-elle été vendue plus *cher* ou *meilleur marché* que la deuxième?

30. Un jardinier échenille les arbres de son jardin. Il trouve 8 chenilles sur un pommier, 7 sur un poirier, 10 sur un prunier. — Combien a-t-il trouvé de chenilles en tout? Quel nombre avez-vous obtenu en additionnant la colonne des unités? Qu'avez-vous fait de la dizaine contenue dans ce nombre?

51. Victorine a sauté 25 coups avec sa corde, Angélique a sauté 16 coups et Adrienne a sauté 32 coups. — Dites le total de tous ces nombres. — Qui a sauté le plus grand nombre de coups?

52. André est allé dans le champ pour abattre des noix. Au premier coup de gaule, il tombe 12 noix; au deuxième 25, au troisième 17. Plusieurs autres coups détachèrent du noyer 65 noix. Enfin, l'enfant secoue l'arbre de toutes ses forces et recueille encore 5 noix. — Quel est le total de la récolte? — Combien de dizaines de noix André a-t-il récoltées? — Combien d'unités en plus des dizaines? — Combien d'unités en tout?

53. Si je donne aux pauvres un jour 3 francs, une autre fois 5 francs, une troisième fois 12 francs, comment saurai-je ce que j'ai dépensé en tout? — Décomposez le total en dizaines et en unités.

54. Le jour des prix, on a donné dans une école 32 livres dorés, 46 livres d'images, 17 livres roses. Indiquez l'opération à faire par les *signes arithmétiques* convenables. — Faites l'opération. — Les livres d'images sont-ils en plus grande quantité que les livres sans images?

55. On a récolté dans un verger 135 poires, 249 abricots, 75 pêches, 350 prunes. Tous ces fruits ont été portés dans le fruitier. — Dites-en le total. Quels sont les fruits dont le nombre n'atteint pas une *centaine?* — Pourquoi y a-t-il un *zéro* au nombre qui représente la quantité de prunes?

56. Une petite fille a un dessin à faire en tapisserie; ce dessin se compose de trois parties de différentes couleurs. La couleur bleue a 75 points; la couleur blanche en a 43; la couleur jaune en a 36. L'enfant veut savoir tout de suite combien elle aura de points à faire sur son canevas. — Que doit-elle faire pour cela? — Quel signe l'enfant mettra-t-elle entre chaque nombre pour indiquer l'opération à faire? — Quel signe séparera les nombres du total obtenu?

57. Un écolier a deux pages à écrire. La première page contient 27 lignes et la deuxième 17. Comment l'enfant peut-il savoir ce qu'il a de lignes à écrire? — L'écolier a-t-il à faire plus de quatre dizaines de lignes? — Combien y en a-t-il de dizaines dans la première page? — Combien dans la deuxième? — Combien de dizaines dans les deux pages réunies? — Combien de lignes en plus des dizaines?

58. Dans un bois il y a 23 chênes, 14 hêtres, 16 châtaigniers, 42 bouleaux. — Combien cela fait-il d'arbres en tout? — Pourquoi avez-vous additionné les unités avec les unités; les dizaines avec les dizaines? — L'addition des dizaines a-t-elle donné une *centaine?*

39. Un marchand de cravates s'était installé sous une porte cochère. Il avait étalé sur une petite table : 8 cravates bleues, 11 rouges, 7 vertes, 4 à carreaux noirs et blancs. — Combien y avait-il de cravates sur la table? — Quel nombre forment les cravates à carreaux et les cravates bleues réunies?

40. Dites le total des nombres suivants : cinq unités, plus trois dizaines, plus vingt-quatre unités, plus quatre cent cinquante-neuf unités.

41. Une corsetière perce 20 œillets sur un corset, 12 sur un autre, 15 sur un troisième et 18 sur un quatrième. — Dites le total des œillets percés. — Combien y a-t-il d'œillets en plus de la dizaine sur le troisième corset? — Combien de dizaines d'œillets dans le premier corset?

42. Dans une ferme, il y a quatre bœufs, 12 vaches, 35 chèvres, 3 chiens, 1 coq, 8 poules, 42 poussins, 25 canards, 6 oies. — Combien cela fait-il d'animaux? — Combien y a-t-il d'animaux qui nous donnent du lait? — Combien d'animaux à plumes? Combien d'animaux à poils ? — Quel est le nombre des animaux à cornes? — Combien y a-t-il de bipèdes? — Combien de quadrupèdes?

43. Un jardinier plante trois rangées d'arbres. Dans la première rangée il met 12 arbres, dans la seconde 25, dans la troisième 9. — S'il veut savoir ce qu'il a d'arbres en tout, quelle *opération* fera-t-il? Quel sera le *résultat* de cette opération? — Comment appelle-t-on ce résultat?

44. Maman a donné à un pauvre enfant une blouse qui a coûté 2 francs, un pantalon de 5 francs, une veste de 10 francs, des souliers qu'elle a payés 7 francs et six paires de bas pour 5 francs. — Quelle *somme* maman a-t-elle dépensée? — Quel est le vêtement qui a coûté le plus *cher?* — Les chaussures ont-elles coûté *plus* ou *moins* cher que la veste? — Pour quel vêtement le marchand a-t-il reçu la *plus petite somme?* — Comment avez-vous fait pour trouver le *total* de la *dépense?* — Qui a fait la *dépense* des vêtements? — Qui a fait la *recette* de l'argent?

45. Un tailleur donne des gilets à faire à trois ouvriers. L'un en fait 25, l'autre 37, le troisième 18. Le tailleur réunit ces trois nombres et trouve un total de combien de gilets? — Indiquez l'*opération* que le tailleur a faite et dites ce que signifient les *signes arithmétiques.* — A quoi sert le *zéro* placé au total?

46. Dans une bibliothèque, il y a une rangée de 25 livres, une autre rangée qui contient 12 livres; une autre composée de 14 livres. Y a-t-il une centaines de livres dans la bibliothèque? — La quantité des livres est-elle *plus ou moins grande* qu'une centaine? — Combien de livres représente le chiffre 2 dans le nombre 25? — Combien y a-t-il de livres dans les deux premières rangées seulement?

47. Une mercière a quatre boîtes de perles. Dans la première boîte il y a 750 perles rouges; dans la deuxième, il y en a 809 bleues; la troisième boîte contient 547 perles blanches et la quatrième en renferme 280 noires. — Combien la mercière a-t-elle de perles en tout? Quelle est la nature des nombres que vous avez additionnés? — De combien d'unités se compose chaque nombre? — Indiquez, dans le total, le chiffre qui représente l'ordre des unités simples. — Celui qui représente l'ordre des unités de mille. — Dites combien il y a de centaines de perles, de dizaines en plus des centaines, d'unités en plus des dizaines. — Si la mercière n'avait que les perles bleues et les perles blanches, combien aurait-elle de perles?

48. La petite Lisette s'arrêta un jour devant une boutique de jouets. Elle se mit à les compter, en disant : 12 toupies, 15 cerceaux, 18 balles, 25 trompettes, 9 poupées, 17 ballons. Elle avait écrit à mesure tous ces nombres; mais quand elle eut fait le total elle fut très-embarrassée pour donner un nom aux unités de ce total. — Savez-vous pourquoi Lisette fut embarrassée? — Faites le total. — Nommez les unités du total.

49. Hortense, viens compter les crayons qui sont dans la boîte, ceux qui sont sur les tables et ceux que tu vois sur le bureau. — Dis-moi où se trouve le plus grand nombre de crayons. — Écris au tableau le total de tous les crayons que tu as comptés.

50. Les élèves d'une école allèrent un jour promener avec le maître dans un jardin public. Cinq d'entre eux ramassèrent des marrons tombés des marronniers. Quand leurs poches furent pleines, ils voulurent savoir qui en avait le plus. Chacun se mit à compter les siens et en écrivit le nombre. Le premier en avait 35, le deuxième 18, le troisième 27, le quatrième 42, le cinquième 12. Les enfants firent ensuite le total de tous les marrons. — Combien en trouvèrent-ils? — Combien le premier élève avait-il de dizaines de marrons? — Combien avait-il de marrons en plus des dizaines? — Le quatrième élève en comptant ses marrons a séparé les dizaines des unités; quelle quantité de marrons a-t-il trouvée dans les dizaines? — Le deuxième élève a jeté le nombre de marrons représenté par le chiffre 1; combien en a-t-il jeté? — Le cinquième a donné autant de marrons qu'il y a d'unités simples dans le nombre 12; combien a-t-il donné de marrons?

3

SOUSTRACTION

Les mêmes observations que nous avons faites relativement aux exercices d'addition sont également applicables ici.

Ajoutons seulement qu'il faudra exercer les enfants à reconnaître laquelle des dénominations, *reste* ou *différence*, appliquées au résultat, convient le mieux dans chaque cas particulier, est plus en rapport avec la nature de la question.

L'excès est une *différence*.

Faites toujours employer les signes — et =, et désigner la nature des unités :

				Reste.
10	—	3	=	7
Gâteaux		gâteaux		gâteaux.

OPÉRATION

10 gâteaux.
— 3 gâteaux.

Reste 7 gâteaux.

Tantôt on écrira devant les deux termes ou au-dessus la désignation : nombre supérieur, nombre inférieur; tantôt on l'omettra, la place du nombre et le signe suffisant à déterminer le rôle de chaque nombre.

---

1. Alphonse avait 6 noix; il en a donné 2 à son frère. — Combien reste-t-il de noix à Alphonse?

RAISONNEMENT.

Pour savoir le résultat, je dis : Alphonse a retranché 2 noix de 6 noix; il a donc 2 noix de *moins*; j'écris :

Nombre le plus fort.		Nombre le plus faible.		Reste.
6	—	2	=	4
noix	*moins*	noix	*égale*	noix.

Comment appelle-t-on le nombre qui indique ce qui reste? — Quand on fait une soustraction, quel nombre doit être retranché de l'autre? — Quel est le nombre de noix qui égale six noix *moins* deux noix?

2. Louis a dans sa poche 5 billes. Peut-il retrancher de ce nombre 3 toupies? — Que faut-il pour que la soustraction soit possible?

3. Le papa d'Odile donne 4 poires à sa petite fille et lui dit : sur ces quatre poires, retire deux oranges pour les donner à ta tante. — Odile pouvait-elle faire ce que lui disait son père? — Pourquoi

était-ce impossible à la petite Odile? — Dans quel but le père a-t-il posé cette question? — Faites une soustraction possible avec les mêmes nombres.

4. Posez 8 pastilles sur la table, retirez-en 5. — Dites ce qui reste. — De quel nombre de pastilles avez-vous retranché 5 pastilles? — Combien d'unités avez-vous trouvées au reste?

5. Il y a 6 dragées sur le banc; un petit enfant en mange 2. — Combien en reste-t-il? — Par quel chiffre le reste est-il représenté? — Quel est le chiffre qui indique le nombre de dragées mangées par l'enfant? — Combien l'enfant a-t-il laissé de dragées sur le banc?

6. Il y avait 8 livres sur la table; Juliette en a pris 2 pour faire lire les enfants. — Combien reste-t-il de livres sur la table? Quelle opération avez-vous faite pour savoir ce qui reste de livres sur la table? — Comment avez-vous disposé les deux nombres? — Qu'avez-vous fait pour séparer ces deux nombres du résultat?

7. La maman de Julien lui donna un jour 6 biscuits, en lui recommandant de partager avec son frère. Julien, qui est gourmand, a mangé les 6 biscuits. — Que reste-t-il pour son frère? — Indiquez ce *reste* par écrit.

8. Près du bassin du Luxembourg, il y avait un jour 9 petits oiseaux qui becquetaient des miettes de pain. Alexandre arriva en courant et effraya

les oiseaux; ils s'envolèrent, excepté 2, qui n'a-
vaient pas vu l'enfant. — Combien d'oiseaux se
sont envolés? — Comment faites-vous pour savoir si l'opération est bonne?

9. Alphonsine avait 16 boutons à ses bottines;
elle en a arraché 3 en les déboutonnant. — Combien y a-t-il encore de boutons? — Si vous ajoutez les 3 boutons arrachés aux boutons qui restent
sur ses bottines, combien en retrouvez-vous?

10. Olga va au Luxembourg avec 25 centimes
dans sa poche; elle en dépense 5 pour aller dans
la voiture conduite par des chèvres. — Combien
Olga a-t-elle encore de centimes? — Combien y
a-t-il d'unités dans le *nombre inférieur*? combien
dans le *nombre supérieur*?

11. Le mardi-gras, le papa de François fit 9
crêpes; il en jeta 2 dans le feu en les retournant
dans la poêle. Combien en reste-il? — De quelle
nature sont les unités du reste? — Quel est le
nombre supérieur dans cette soustraction? Quel est
le *nombre inférieur*?

12. Ernestine a une boîte contenant 15 bonbons,
elle en donne 12. — Combien en reste-il? — Comment avez-vous fait pour connaître le *résultat*?

15. Ernest a gagné 14 bons points; il en rend 3
à sa maîtresse, parce qu'il a mal travaillé.— Quel
nombre de bons points lui *reste-t-il*? — Le nombre
de bons points *gagnés* est-il plus grand ou plus pe-

tit que le nombre de bons points *vendus* ? — Combien avez-vous *retranché* d'unités du nombre 14 ? Quel nombre d'unités avez-vous trouvé pour *résultat* ?

14. Le père d'Adèle lui avait donné 75 centimes pour faire une commission. Arrivée chez le marchand, Adèle n'avait plus que 60 centimes. — Combien avait-elle perdu de centimes en route ? Comment avez-vous fait pour trouver le *résultat* ?

15. Il y a dans un pigeonnier 28 pigeons. Un soir, il n'en est rentré que 25. — Combien de pigeons ont disparu ? Des deux nombres d'une soustraction, quel est *celui* qu'on retranche de l'autre ?

16. Un enfant avait planté 15 pieds de pensées ; 3 pieds ont péri. — Combien en *reste-t-il* ? — Combien y a-t-il de nombres dans une soustraction à faire ? — Comment s'y prend-on pour trouver le *résultat* ?

17. De 28 aiguilles que j'ai dans mon étui, j'en retire 15 pour les mettre sur une pelote. — Combien y a-t-il encore d'aiguilles dans mon étui ? — Où avez-vous écrit le nombre le plus faible ? — Où avez-vous écrit le nombre le plus fort ? — Dans quel but avez-vous *retranché* 15 unités de 28 unités ? — Reste-t-il *plus* ou *moins* d'aiguilles dans l'étui qu'il n'en est mis sur la pelote ?

18. 42 moutons paissaient l'herbe d'un pré. Des loups survinrent qui emportèrent 3 moutons. —

Combien sont encore dans le pré? — Y a-t-il *plus* ou *moins* d'une dizaine de moutons retranchés du troupeau?

19. Dans une école, il y a 48 élèves; 25 vont déjeuner chez eux à midi; les autres prennent leur repas à la classe. — Dites le nombre de ces derniers. — Pourquoi avez-vous soustrait les unités des unités et les dizaines des dizaines?

20. Maman avait 15 fr.; elle m'a acheté des souliers pour 8 fr. — Combien a-t-elle encore d'argent? Quelle est la nature des unités de la somme que la maman a donnée au marchand?

21. Un enfant avait 15 petits poissons rouges dans un grand bocal; le chat en a attrapé 7 et les a mangés. — Combien en *reste-t-il*? — De quel nombre avez-vous *retranché* 7? — Que vaut le chiffre placé à gauche du chiffre 5?

22. Albert est allé à la campagne pendant les vacances; il doit y rester 30 jours et il y a déjà 9 jours d'écoulés. — Combien de temps a-t-il encore à jouir de ses vacances? — Sous quel chiffre avez-vous posé le 9? Comment avez-vous fait pour soustraire le nombre 9 du nombre *supérieur*? — Combien de dizaines avez-vous retranchées des trois dizaines?

23. Julien avait mis 40 centimes dans sa poche. La poche étant percée, les 40 centimes sont tombés dans la rue. — Comment écrirez-vous ce qui *reste* à Julien? — Quel est le nombre que vous avez retranché de 40? — Quand on retranche l'un de l'autre deux nombres égaux, que reste-t-il toujours?

24. Que me restera-t-il si je dépense 17 fr. sur 24? — Combien avais-je de francs avant de faire ma dépense? Quelle somme m'est restée après avoir fait mes achats?

24 bis. Une dame apporte 35 gâteaux aux enfants de la classe; ils en mangent 27. — Combien en reste-t-il? — Comment avez-vous fait la soustraction des *unités simples?* — Qu'avez-vous fait de la dizaine *ajoutée* aux unités simples du nombre à soustraire? Quel nombre de dizaines avez-vous *retranché* de trois dizaines? Comment s'appelle le résultat?

25. Il y avait 17 œufs dans un poulailler; on en a pris 8. — Combien en reste-t-il? — Où place-t-on le plus grand nombre dans une soustraction? — Où place-t-on le plus petit? — Comment fait-on lorsque le nombre *supérieur* est plus *faible* que le nombre *inférieur* du *même ordre*?

26. Une serre est recouverte d'un vitrage composé de 35 vitres. La grêle en casse un jour 8. — Combien reste-t-il de vitres? — Si on répare le vitrage, à quel nombre de vitres faudra-t-il ajouter les vitres neuves pour retrouver le nombre complet? — De combien de vitres se composera le vitrage, après la réparation?

27. La cousine de Georgina avait dans l'armoire

24 tasses à café. Georgina, qui est très-étourdie, a cassé 6 tasses. — Combien la cousine a-t-elle encore de tasses? — Est-ce le nombre de tasses cassées ou de celles qui ne l'ont pas été que le reste désigne? — Comment ferez-vous la *preuve* de cette opération?

28. Une petite fille va acheter 15 pelotes de fil pour sa maman; elle en perd 6 en chemin. — Combien en rapporte-t-elle à sa mère? — Sous quel chiffre avez-vous placé le chiffre 6? — Pourquoi? — Faites la *preuve* de l'opération.— Pour faire la preuve, avez-vous additionné le reste avec le nombre le *plus fort* ou avec le *plus faible*? — Quel est celui de ces deux nombres qu'on doit retrouver par la preuve?

29. On a donné à Henry 40 pastilles de chocolat; il en a apporté 25 à la classe pour les plus jeunes élèves. — Combien Henry a-t-il gardé de pastilles? — Y a-t-il des unités en plus des dizaines dans le nombre le plus fort? — Y a-t-il des unités en plus des dizaines dans le nombre le plus faible? — Comment avez-vous fait l'opération sur l'ordre des unités simples?

30. Lucie a reçu 30 bonbons au jour de l'an. Si elle en donne 18 à sa sœur, combien lui en restera-t-il? — Lorsque Lucie donnera les bonbons à sa sœur, de combien d'unités le nombre 30 sera-t-il diminué? — Laquelle des deux, de Lucie ou de sa sœur, aura le *reste*? — Comment avez-vous

3.

opéré sur l'ordre des unités simples? — Dites la raison qui vous a fait agir ainsi.

31. Louis a 8 crayons et Jules en a 3. — Les deux enfants ont-ils un nombre égal de crayons? — Quelle *différence* y a-t-il entre ces deux nombres?

RAISONNEMENT.

Pour trouver cette *différence*, je retranche le nombre le plus faible du nombre le plus fort. Je dis donc :

Nombre le plus fort.		Nombre le plus faible.		Différence.
8	—	3	=	5
Crayons	*moins*	crayons	*égale*	crayons.

Quelle opération fait-on quand on veut connaître la *différence* entre deux nombres? — Par quel nombre est représentée la *différence* qui existe entre huit crayons et trois crayons?

32. Alexandre a gagné 25 bons points et Georges en a gagné 12. — Quelle différence y a-t-il entre ces deux nombres? — Comment avez-vous fait pour trouver cette différence? — Que représente cette différence?

33. J'ai de l'argent dans ma poche. Si j'avais 2 francs de plus, je pourrais acheter un grand cheval de bois qui coûte 7 francs. — Combien ai-je dans ma poche? — Quelle opération faut-il faire pour trouver la *différence* entre le prix du cheval et la somme qui me *manque?* — Faites l'opération. — Qu'est-ce que la *différence* représente? — Ajoutez la différence à la somme qui me manque et dites-moi si je puis maintenant acheter le cheval?

54. Un meunier avait 125 sacs de blé dans son grenier. Il en a vendu 75 au marché. — Combien en a-t-il encore à vendre? — Quelle différence y a-t-il entre le nombre de sacs à vendre et le nombre de sacs vendus? — Si vous additionnez le *reste* avec le nombre le *plus faible,* quel nombre trouvez-vous?

55. Une maîtresse n'a que 12 livres pour faire lire 27 enfants. — Combien manque-t-il de livres pour que chaque enfant ait le sien? — Quelle *différence* y a-t-il entre le nombre de livres qui sont dans la classe et le nombre de livres qu'il faudrait pour tous les élèves?

56. Dans une classe, il y a 75 élèves; dans une autre classe, 39. — Quelle différence y a-t-il entre ces deux nombres? — Écrivez l'opération en la *raisonnant,* et donnez l'*explication* des signes arithmétiques.

57. Un ouvrier gagne 45 francs dans une semaine; son fils gagne 25 francs dans le même temps. — Quelle *différence* y a-t-il entre le *gain* du père et celui du fils?

58. Émile a dans sa main 8 bâtonnets; Charles en a 3. — Combien Émile a-t-il de bâtonnets *de* *plus* que Charles? — Comment appelle-t-on le *ré-sultat* de cette opération?

39. La maîtresse a donné à Louise 7 bandelettes de papier, et à Marie 5. — De combien le nombre de bandelettes reçues par Louise surpasse-t-il le nombre de bandelettes données à Marie? — Comment s'appelle le *résultat* de l'opération que vous avez faite?

40. Une dame entre chez un marchand pour acheter un parapluie. Le parapluie coûte 25 francs, et la dame n'a que 13 francs. — Combien lui *man-que*-t-il pour payer le parapluie? — Quel nombre de francs fallait-il en *plus* de 13 francs pour payer le parapluie? — Quel nom donnez-vous au *résultat?*

41. Victorine a 12 ans et Julie 22. — De com-bien l'âge de Julie *surpasse*-t-il l'âge de Victorine? — Quelle opération faut-il faire pour trouver le *résultat?* — Quel nom donnez-vous à ce *résultat?*

42. Dessinez 8 lignes verticales et 6 lignes hori-zontales. — De combien le nombre des lignes ver-ticales surpasse-t-il le nombre des lignes horizon-tales? — Quel nom donnez-vous au *résultat?* — Comment nommez-vous l'opération dont le résultat s'appelle *différence?*

43. J'ai 25 centimes dans une boîte et 15 cen-times dans l'autre. — Quelle *différence* trouvez-vous entre ces deux nombres? — Quelle est la na-ture des unités que ces nombres représentent? — Quel est le *résultat* de l'opération que vous avez faite? — Comment appelez-vous ce *résultat?*

44. Hortense, dit un jour la maîtresse, viens compter les chaises de la classe et celles du préau. — Dis-moi de combien le nombre de chaises de la classe *surpasse* le nombre de chaises du préau? — Si vous étiez à la place d'Hortense, quelle *opération* feriez-vous pour pouvoir répondre à la maîtresse? — Quel nombre Hortense devra-t-elle *retrancher* de l'autre? — Quel *signe* mettra-t-elle après les deux nombres, entre eux et le résultat? — Quel nom donnera-t-elle au *résultat?*

45. Combien *gagne* une personne qui achète une montre 200 francs et qui la revend 240 francs? — Combien la personne a-t-elle dépensé pour la montre? — Combien a-t-elle *reçu* en la revendant? — La *recette* est-elle plus forte ou plus faible que la *dépense?* — Quel *gain* a *procuré* la vente de la montre?

46. Combien *perd* une marchande qui achète des pommes pour 32 francs et qui les *revend* 27 francs? — Quel est le *montant* de la *recette?* — Quel est le *montant* de la *dépense?* — La dépense est-elle plus ou moins forte que la recette? — Comment faut-il faire pour savoir de combien la dépense *surpasse* la recette? — La marchande a-t-elle du *gain* ou de la *perte?*

47. Un marchand achète un cent d'œufs pour 8 francs et le revend 8 francs? — A-t-il *perdu* ou

3

gagné? La *recette* est-elle *plus* ou *moins* forte que la dépense, ou *égale*-t-elle la dépense? — Quelle *somme* le marchand avait-il dépensée pour acheter ses œufs? — Est-il *rentré* dans sa dépense? — Dans quel cas dit-on qu'un acheteur *rentre* dans sa dépense?

48. Je dois acheter un chapeau qui coûte 25 francs, et je n'ai que 12 francs. — Combien me *manque*-t-il? — Quelle *différence* y a-t-il entre la somme que coûte le chapeau et celle que je *possède*? — Comment avez-vous fait pour trouver cette *différence*? — Si j'avais en plus de ce que j'ai, la somme représentée par la *différence*, pourrais-je payer le chapeau?

49. Un marchand qui achète une pendule 154 francs, et qui la revend 160 francs, *perd*-il ou *gagne*-t-il? Le marchand a-t-il *reçu* plus ou moins qu'il n'a *dépensé*? — Quel est l'*excès* de la *recette* sur la *dépense*? — Quelle opération avez-vous faite pour le savoir? — Comment s'appelle le *résultat*?

50. Une modiste dépense 44 francs pour faire un chapeau; elle le vend 52 francs. — *Perd*-elle ou *gagne*-t-elle? — Que faut-il pour avoir du *gain* sur une marchandise? — La modiste a-t-elle *dépensé* plus ou moins qu'elle n'a *reçu*? — Que représente le *résultat* de l'opération que vous avez faite?

MULTIPLICATION

Mêmes procédés qu'aux précédents exercices.

La chose la plus importante ici, c'est que les enfants comprennent bien la nature de l'opération de la multiplication, que vous leur présenterez comme réunissant en un seul groupe et d'un seul coup plusieurs groupes égaux d'unités de même espèce.

Le *multiplicande* indique combien il y a d'unités dans chacun des groupes égaux donnés. Le *multiplicateur* indique combien il y a de ces groupes égaux à réunir. Le *produit* exprime le groupe formé par la réunion de tous les autres, une sorte de *total*, donc. Les unités du produit sont les mêmes qui composaient les groupes donnés; en d'autres termes, *les unités du produit sont de même nature que celles du multiplicande.* C'est ce qu'il importe au plus haut point de bien faire comprendre aux enfants.

Quant au *multiplicateur*, indiquant seulement combien il y a de groupes à réunir, il joue le rôle de nombre abstrait dans le raisonnement et l'opération.

En faisant donc écrire, à l'aide des signes, la position de la question et l'opération elle-même, on aura soin d'écrire sous le *multiplicande* et sous le *produit* le nom des unités : ce sera le même. Mais on n'écrira rien sous le *multiplicateur*, puisqu'il représente dans le raisonnement un nombre abstrait.

Multiplicande.	Multiplicateur.		Produit.
7	$\times$ 4	$=$	28
Pommes	*multiplié par*		Pommes.

OPÉRATION

Multiplicande   7 pommes.
Multiplicateur $\times$ 4

Produit   28 pommes.

On écrira les mots *multiplicande, multiplicateur, produit* devant les nombres correspondants, jusqu'à ce que les enfants soient familiarisés avec ces mots ; alors, on pourra omettre de les écrire.

---

1. Henry met sur la table un groupe de 5 bâtonnets ; il fait ensuite 3 autres groupes semblables au premier.—Quel est le nombre de bâtonnets posés sur la table ?

RAISONNEMENT.

Dans un groupe, il y a cinq bâtonnets ; j'écris le chiffre 5 qui représente ce nombre de bâtonnets. Comme les autres groupes sont égaux, le chiffre 5 indique le nombre d'unités contenues dans chaque groupe. J'écris à la droite du 5 le chiffre 4 qui représente le nombre de groupes; puis je dis :

Multiplicande.	Signe de la multiplication.	Multiplicateur.		Produit.
5	×	4	=	20
Bâtonnets	*multiplié par*		*égale*	bâtonnets.

Qu'est-ce qu'un groupe? — Combien y a-t-il de bâtonnets dans un des groupes que nous venons de faire? — Par quel chiffre est représenté ce nombre? — Combien Henry a-t-il fait de groupes? — Les groupes sont-ils égaux? — Quel est le chiffre qui représente le nombre de groupes? — Quelle est la forme du signe de la multiplication? — Combien de bâtonnets a-t-on trouvé *en tout?*

2. Albert, Louis, Jules et Victor jouent aux billes. Chacun d'eux a un groupe de 6 billes. — Combien ont-ils de billes tous ensemble? — Quel nom donne-t-on au chiffre qui représente le nombre de *groupes* à réunir? — Comment appelle-t-on celui qui indique combien il y a d'unités dans *chaque groupe?* — Comment appelle-t-on le nombre qui indique combien il y a d'unités dans *tous les groupes réunis?*

3. Il y a dans la classe 6 tables sur lesquelles les élèves dessinent. Louise est chargée de préparer les crayons avant la leçon de dessin. Elle met 5 crayons sur chaque table. Après la leçon, elle range tous les crayons ensemble dans une

boîte. — Combien y a-t-il de crayons dans la boîte?
— Quel est le nombre de crayons que forme *chaque
groupe?* — Combien y a-t-il de *groupes à réunir?* —
Quel est le *produit?* — Quels sont les deux *facteurs*
qui ont formé le *produit?* — De quelle *nature* sont
les unités du *multiplicande?* — De quelle *nature* sont
les unités du *produit?*

4. La mère d'Henriette est allée acheter du
charbon et a emmené sa petite fille. Pendant que
le charbonnier servait la maman, Henriette se
mit à compter 5 piles de mottes; elle en compta
30 dans chaque pile, mais elle ne sut pas dire le
total de toutes les mottes. — Dites-le pour elle. —
Quelle opération faites-vous pour cela? — Écrivez
sous chaque *terme* de l'opération le nom qui le désigne.

5. Un livre d'images coûte 2 francs; quelle
somme dépense-t-on si l'on achète 16 livres pareils? — De quelle *nature* sont les unités que vous
devez trouver au produit? — Quel nombre prenez-
vous alors pour multiplicande?

6. Une fourchette a 4 dents; combien y a-t-il de
dents à 12 fourchettes? — Combien de fois le
nombre 4 se trouve-t-il au produit? — Quel est le
nombre qui vous l'indique?

7. Pendant les vendanges, 3 enfants ont mangé
chacun 5 grappes de raisin. — Combien de grappes
ont été mangées? — Quel nombre avez-vous mul-

tiplié? — Que veut dire multiplier? — Quel est le nombre qui a multiplié l'autre?

8. J'ai un livre qui contient 9 images. — Combien y a-t-il d'images dans 8 livres pareils? — Quels sont les *facteurs* du produit? — Que veut dire le mot *facteur?*—Que signifient les *lignes croisées obliques* placées entre le multiplicande et le multiplicateur?

9. Combien coûtent 5 poires à 10 centimes l'une? — Combien de *fois* avez-vous répété le prix d'une poire? — Comment appelle-t-on le *facteur* qui indique combien de *fois* on répète le multiplicande?

10. Hortense s'est appliquée à ses devoirs pendant une semaine entière. Chaque jour, elle a reçu 5 bons points. — Combien a-t-elle gagné de bons points dans la semaine? — Nommez les trois *termes* de l'opération que vous venez de faire.—Dites ce que représente *chacun* d'eux. — Les unités du *produit* doivent-elles être de même *nature* que celles du *multiplicande*, ou de même *nature* que celles du *multiplicateur?*

11. Un menuisier a fait 12 petites tables qu'il vend 6 francs pièce. — Combien reçoit-il pour toutes les tables? — De combien d'unités se compose le multiplicateur? — Combien de fois le *multiplicande* est-il contenu dans le *produit?*

12. Un monsieur, qui écrit beaucoup le soir, fait mettre dans sa lampe 2 mèches par semaine. —

Combien use-t-il de mèches en un mois, sachant qu'un mois contient 4 semaines? — Représentez par des points le nombre que vous avez répété plusieurs fois. — Écrivez sous ces points la *nature* des unités que vous avez multipliées. — Par quel nombre avez-vous multiplié ces unités?

13. Il y a 8 petits sacs dans une boîte; chaque sac contient 37 bons points. — Combien cela fait-il de bons points *en tout?* — Par quels *facteurs* a été formé le produit? — Dites ce que représente *chacun* de ces facteurs.

14. Alphonse a reçu 3 feuilles d'images; sur *chaque* feuille, il y a 15 images. Alphonse découpe toutes ces images et en fait un *seul groupe* qu'il enveloppe dans du papier. — Combien y a-t-il d'*images* dans le papier? — Cherchez-vous un nombre d'images ou un nombre de *feuilles?* — De quelle *nature* seront les unités du *multiplicande?* — Et celles du *produit?* — A quoi servira le *multiplicateur?*

15. Un père a deux petits garçons. S'il achète à chacun une casquette de 7 francs, quelle somme dépense-t-il? — De combien d'unités se compose le *résultat?* — Quelle est la *nature* de ces unités? — Comment appelez-vous le résultat?

16. Des bûches de bois sont placées sur 9 rangs dans un bûcher; chaque rang contient 25 bûches. — Dites le *total* des bûches. — Combien y a-t-il d'unités dans *chaque groupe?* — Combien de fois faut-il répéter ce nombre d'unités pour obtenir le résultat demandé? — Peut-on arriver au même résultat par des *opérations différentes?* — Quelle est l'opération la plus rapide?

17. J'ai apporté des marrons pour amuser les enfants de la petite classe. J'appelle les 7 plus jeunes, et je donne à chacun d'eux 6 marrons. — Combien ai-je donné de marrons? — Quelle opération avez-vous faite pour trouver le *résultat?* — Quand a-t-on besoin de faire une pareille opération? — Pourriez-vous obtenir le même *résultat* par *addition?* — Comment feriez-vous pour cela? — Des deux moyens, quel est le plus rapide?

18. 5 enfants mangent chacun 8 noix, et il en reste 6. — Combien y avait-il de noix? — Combien d'opérations *différentes* avez-vous faites? — Laquelle avez-vous faite en premier lieu? — Comment s'appelle le *résultat* de cette première opération? Quel nom donnez-vous au *résultat* de la seconde opération?

19. Dans un pensionnat, il y a 3 dortoirs et 12 lits dans *chaque* dortoir. — Combien cela fait-il de lits *en tout?* — Combien faut-il répéter de *fois* 12 lits pour obtenir le *résultat cherché?* — Quelle opération fait-on quand il s'agit de *répéter* plusieurs fois le même nombre?

20. On a donné à Louise une robe qui a coûté 22 francs. Si on lui en donne une du même prix tous les ans, combien aura-t-on dépensé en huit ans? — Combien Louise a-t-elle reçu de robes la première année ? — Combien lui en donne-t-on chaque année ? — Quel est le nombre de robes reçues par Louise au bout de huit ans ? — A combien revient une robe ? — A combien reviennent toutes les robes ensemble ?

21. Un jardinier remplit de terre un trou qui est au bout de son jardin. A chaque voyage qu'il fait pour aller chercher la terre, il en porte 5 pelletées dans sa brouette. Au bout de 6 voyages, le trou est comblé. — Combien le jardinier a-t-il jeté de pelletées de terre ? — Combien de fois a-t-il mis de la terre dans le trou ? — Quelle quantité en a-t-il mis chaque fois ? — Dites la quantité totale. — Comment s'appelle le nombre qui représente cette quantité totale ?

22. 9 élèves d'une classe se sont cotisés pour venir en aide à un de leurs camarades qui avait besoin de vêtements d'hiver. Chaque élève a donné 3 francs. — Quelle *somme* ont-ils réunie pour vêtir leur camarade ? — Qu'appelle-t-on *facteur* ? — Quel est le *facteur* qui indique combien les élèves ont donné de groupes de 3 francs ? — Quel est celui qui indique le nombre de francs donnés par chaque élève ? — Quel est le nombre qui indique la quantité de francs contenus dans tous les groupes réunis ? — A quoi le produit est-il *égal* ? — De quelle *nature* sont les unités calculées dans ce problème ? — Quels sont les deux *termes* de l'opération qui indiquent la *nature* des unités qu'on avait à calculer ?

23. Édouard a employé 4 feuilles de papier pour faire un cerf-volant. — Combien lui faudra-t-il de feuilles pour faire 3 cerfs-volants semblables? — Devez-vous multiplier les feuilles de papier ou les cerfs-volants? — Quel nombre prenez-vous pour *multiplicateur*? — Le *produit* est-il de même *nature* que le multiplicande, ou de même *nature* que le multiplicateur?

24. Une laitière va porter du lait dans une maison au quatrième étage. Chaque étage est composé de 48 marches. — Combien la laitière a-t-elle *monté* de marches? — Quelle opération devez-vous faire? — Pourquoi? — Comment s'appelle le *résultat* de cette opération? — Quelle *nature* d'unités exprime-t-il?

25. Un ouvrier gagne 3 francs par jour. — Combien gagne-t-il en 7 jours? — Combien l'ouvrier a-t-il travaillé de jours pour gagner la somme représentée par le *multiplicande*? — Combien de *fois* l'ouvrier a-t-il gagné 3 francs? — Quel est le *gain* des 7 jours?

26. Une mère dépense 12 francs pour une paire de bottines. Si elle en achète 3 paires dans une année, combien dépensera-t-elle par an pour ses chaussures? — Quel est le *terme* de cette opération qui représente le prix d'une paire de bottines? — Quel est celui qui indique ce que coûtent 3 paires?

27. Alphonse a reçu des centimes de son papa pour avoir bien appris sa leçon. Il emmène ses deux petits frères au Jardin des Plantes ; il leur achète à chacun un pain de 10 centimes et en prend un pour lui du même prix. — Combien Alphonse a-t-il dépensé de centimes ? — Comment appelez-vous l'opération que vous avez faite ? — De quelle *nature* sont les unités du produit ? — Représentez, au moyen de petits traits, l'*égalité* des groupes. — Combien y a-t-il de *centimes* dans chaque groupe ? — Comment appelle-t-on le *facteur* qui représente ce nombre ? — Combien y a-t-il de *centimes* dans tous les groupes réunis ? — Quel nom donne-t-on au nombre qui représente la *réunion* de tous ces groupes ?

28. Le papa de Sophie est ouvrier menuisier ; son travail lui rapporte 120 francs par mois. — Combien gagne-t-il dans une année ? — Combien y a-t-il de mois dans une année ? — Combien de fois l'ouvrier reçoit-il donc 120 francs ? — Pendant combien de temps a-t-il travaillé pour gagner la somme représentée par le *produit* ? — Combien met-il de temps à gagner 120 francs ?

29. Une blanchisseuse repasse 42 mouchoirs en une heure. — Combien repassera-t-elle de mouchoirs en 6 heures ? — Combien de fois répéterez-vous le multiplicande pour obtenir le produit ? — Pourquoi ?

30. Une couturière achète 8 paquets d'aiguilles contenant *chacun* 25 aiguilles. — Combien la couturière a-t-elle acheté d'aiguilles *en tout* ? — Quelle est la *contenance* d'un paquet ? —

Connaissez-vous par-là aussi la *contenance* des autres paquets? — Pourquoi? — Quelle opération avez-vous faite pour trouver le nombre d'aiguilles contenues dans tous *les paquets réunis?*

31. Dans une classe, il y a 9 bancs; 8 enfants sont assis sur *chaque* banc. — Combien y a-t-il d'enfants dans la classe? — Quelle *espèce* d'unité calculez-vous dans ce problème? — Connaissez-vous le nombre d'unités contenues dans *un groupe,* ou le nombre d'unités contenues dans *plusieurs groupes?* — Quelle opération devez-vous faire alors pour connaître le nombre d'enfants?

32. Un pâtissier a sur son comptoir 5 assiettes contenant chacune 8 brioches. — Combien cela fait-il de brioches? — De combien d'unités se compose le multiplicateur? — Combien de fois le multiplicande est-il donc contenu dans le produit? — Combien de fois doit-on prendre le multiplicande pour former le produit?

33. Dans un atelier de menuiserie, on a fabriqué 9 échelles, dont chacune est composée de 8 échelons. — Quelle quantité d'échelons y a-t-il dans toutes les échelles réunies? — Combien de fois le multiplicande se trouve-t-il dans le produit? — Pourquoi?

34. Quels produits forment les facteurs 25 et 42? — 53 et 9? — 8 et 4? — 76 et 28?

35. Combien faut-il de châtaignes pour remplir 7 sacs qui contiennent *chacun* 472 châtaignes? —

4

Quel est ici le multiplicande? — Combien de fois
est-il contenu dans le *produit*? — De quelle *nature*
sont les unités contenues dans les sacs?

56. On apporte des sacs de coke pour chauffer
le poêle de la classe. Les hommes qui déchargent
la voiture contenant les sacs descendent dans la
cave 4 sacs à chaque voyage. — Après 8 voyages,
combien y a-t-il de sacs de coke dans la cave? —
Cherchez le *résultat* par l'addition, puis par la multiplication. — Le *résultat* est-il le même dans les
deux cas? — Quelle opération est-il préférable de
faire?

57. Il y avait un jour 8 élèves qui prenaient une
leçon de calcul; et ce jour-là, tous les élèves furent attentifs. Ils reçurent pour récompense chacun 3 bons points. — Combien le maître a-t-il
distribué de bons points? — Combien y a-t-il de
termes dans l'opération faite? — Quel est celui de
ces termes qui est un nombre *abstrait*? — Quelle est
la *nature* des unités représentées par les autres *termes*? — Posez l'opération en indiquant, à l'aide de
points, le nombre de *groupes* et le nombre *d'unités*
contenues dans chaque groupe. — Venez représenter le *produit* au tableau par des lignes ver-
ticales.

58. Que faut-il payer pour 45 montres à 130 fr.
la pièce? — Combien de fois le prix d'une montre
se trouve-t-il dans le produit? — Pourquoi?

59. Un vannier a entrelacé 45 baguettes de

jonc pour faire une corbeille. — Combien emploie-
ra-t-il de baguettes pour faire 9 corbeilles semblables? — Quels sont les *facteurs* qui ont formé le
produit? — Quel est celui de ces deux facteurs qui
est devenu un nombre *abstrait* dans l'opération?
— Pourquoi devient-il un nombre *abstrait*? — Quel
est le *facteur* qui demeure un nombre *concret*? —
Pourquoi ce facteur est-il un nombre *concret*?

40. Quatre petites filles faisaient la dînette;
elles avaient chacune 2 biscuits. Au moment de les
manger, elles virent un pauvre homme qui deman-
dait l'aumône. Les petites filles réunirent leurs
biscuits en un seul groupe et les donnèrent au
pauvre. — Combien reçut-il de biscuits? — Qu'est-
ce qu'un nombre *abstrait*? — Qu'est-ce qu'un nombre *concret*? — Le multiplicande est-il un nombre
abstrait ou *concret*? — Le multiplicateur est-il un
nombre *abstrait* ou *concret*? — Qu'est-ce qu'indique
toujours le *multiplicateur*?

41. Il y a 4 ourlets à mon mouchoir et 340 points
à *chaque* ourlet. — Combien y a-t-il de points
dans mon mouchoir entier? — Quel nombre représente la quantité de points contenus dans les
quatre ourlets? — Par quoi a été formé ce nombre?

42. Un écolier a un cahier de 32 pages; sur
chaque page il a écrit 25 lignes. — Combien cela
fait-il de lignes en tout? — Combien y a-t-il de
dizaines dans le premier *produit partiel*? — Combien y a-t-il d'unités? — Quel est le chiffre du mul-

tiplicateur qui a formé ce *produit partiel?* — Combien y a-t-il de *centaines* dans le deuxième *produit partiel?* — Combien y a-t-il de dizaines et d'unités? — Par quel chiffre du multiplicateur a été formé le deuxième *produit partiel?*

45. Auguste et Léon s'amusent à compter des pastilles; ils en ont tous deux un nombre égal. Chaque enfant range les siennes en forme de rectangle:

Léon compte ses pastilles verticalement; il en trouve 3 dans chaque rangée et compte 5 rangées pareilles. Il écrit l'opération suivante:

Multiplicande.		Multiplicateur.
3	$\times$	5
Pastilles	*multiplié par*	pastilles.

Auguste compte ses pastilles horizontalement: il trouve 5 pastilles dans chaque rangée et compte 3 rangées pareilles. Il écrit:

Multiplicande.		Multiplicateur.
5	$\times$	3
Pastilles	*multiplié par*	pastilles.

Tous deux trouveront-ils le même *résultat?* — Faites l'opération de la première manière. — Faites l'opération de la seconde manière. — Le *produit* est-il le même? — Les *facteurs* sont-ils les

mêmes? — Qu'y a-t-il de *changé?* — Quand on
intervertit l'ordre des facteurs, le *produit* est-il
changé parfois?

44. Un épicier a 25 paquets de bougies contenant *chacun* 8 bougies. — Dites le nombre de bougies contenues dans tous les paquets. — De
combien d'unités se compose le multiplicande? —
Par combien de chiffres est représenté le multiplicateur? — L'opération sera-t-elle faite plus ra-
pidement si l'on *intervertit* l'ordre des facteurs? —
Que faut-il se rappeler quand on fait ainsi l'interversion des facteurs?

45. Si un sac contient 57 pruneaux, combien
contiendront 42 sacs de même dimension? — Quel
nombre de pruneaux y a-t-il dans le premier *pro-
duit-partiel?* Quel chiffre du multiplicateur a servi
à former ce *produit?* — Combien avez-vous trouvé
de pruneaux en multipliant le multiplicande par
le chiffre représentant les dizaines du multiplicateur? — Combien y a-t-il d'unités dans le total des
deux *produits partiels?*

46. Un paysan ayant fait la récolte de ses poires, les range dans un fruitier sur 4 planches.
Chaque planche contient 29 poires. — Combien le
paysan a-t-il récolté de poires? — Combien y a-t-il
de chiffres au multiplicateur? — Combien la multiplication donnera-t-elle de *produits partiels?* — Y
a-t-il avantage, dans ce cas, à intervertir l'ordre des
facteurs?

4.

47. Un enfant reçoit 10 centimes pour chaque devoir bien fait. — Combien lui donnera-t-on de centimes pour 6 devoirs? — Pourquoi n'y a-t-il pas de *produits partiels* dans cette opération? — Quels sont les deux *termes* qui représentent des unités de *même espèce*?

48. Si un crayon coûte 5 centimes, combien coûteront 13 crayons pareils? — Quel est le multiplicande? — Si vous le multipliez par 13, combien aurez-vous de *produits partiels*? — Si vous multipliez 13 par 5, l'opération sera-t-elle plus rapide? — Pourquoi? — Obtiendrez-vous le même nombre que dans la première opération? — Prouvez-le en faisant successivement les deux opérations.

49. Un tailleur emploie 2 aiguillées de soie pour faire une boutonnière. — Combien lui faudra-t-il d'aiguillées pour 35 boutonnières? — Le multiplicande est-il ici représenté par le plus grand nombre ou par le plus petit? — Quel nombre prenez-vous pour multiplicateur, afin d'aller plus vite?

50. Un cahier a 26 pages; sur chaque page on a tracé 24 lignes. — Quel est le nombre de lignes contenues dans le cahier entier? — Combien y a-t-il de chiffres au multiplicateur? — Combien avez-vous obtenu de *produits partiels*?

DIVISION

Le *dividende* doit être considéré comme un groupe d'unités qu'on décompose en plusieurs groupes égaux. Le dividende est pour ainsi dire *un produit qu'on défait*.

Le nombre qui indique combien il faut former de groupes égaux aux dépens des unités du dividende est le *diviseur*. Le nombre qui indique combien il y aura d'unités dans chaque part ainsi faite est le *quotient*.

Le dividende étant formé d'unités données, les mêmes unités formeront les groupes partiels après le partage fait. En d'autres termes, les unités du *quotient* sont de même nature que celles du dividende (1).

S'il y a un *reste*, il est encore de même nature. Quant au diviseur, indiquant le nombre des parts à faire, il joue un rôle abstrait.

Faites désigner les opérations par les signes : et =; faites indiquer la nature des unités au *dividende*, au *quotient* et au *reste*, s'il y en a un; mais sous le diviseur

---

(1) Dans certains cas, il y a interversion de rôle entre le diviseur et le quotient.

on n'écrira rien. L'enfant comprendra ainsi que le diviseur n'est pour rien dans la question de la nature des
unités.

Faites écrire les mots : *dividende, diviseur, quotient,*
reste, devant les chiffres correspondants, jusqu'à ce que
l'enfant y soit assez habitué pour pouvoir se passer de
cette désignation.

Dividende.	Diviseur.	Quotient.	Reste.
22	: 4	= 5	2
Noix.		noix.	noix.

OPÉRATION.

Dividende 22 noix. | Diviseur.
Reste   2 noix. | 4
_____
Quotient 5 noix.

1. Hélène compte 20 bâtonnets; elle en fait un
groupe qu'elle partage entre 5 élèves. Chaque
élève reçoit d'abord un bâtonnet, puis un second,
puis un troisième, puis un quatrième. Quand Hélène a distribué tous ses bâtonnets, elle écrit au
tableau l'opération qu'elle a faite.

Groupe à partager. Dividende.	Nombre de parts à faire. Diviseur.	Nombre d'unités contenues dans chaque part. Quotient.
IIIIIIIIIIIIIIIIIIII	: 5	= 4
Bâtonnets.	*Divisé par*	*égale* Bâtonnets.

Hélène adresse ensuite des questions aux élèves

qui répondent en regardant, soit les bâtonnets,
soit les chiffres. — Combien ai-je partagé de bâtonnets? — Comment appelle-t-on le nombre qui
indique combien il y a d'unités dans le groupe à
partager? — Combien ai-je fait de parts ou de
groupes? — Comment appelle-t-on le nombre qui
indique combien il y a de groupes? — Quelle quantité de bâtonnets y a-t-il dans chaque groupe? —
Comment appelle-t-on le nombre qui indique combien il y a d'unités dans chaque groupe? — Les
groupes sont-ils égaux? — Comment appelle-t-on
l'opération qui consiste à partager un seul groupe
en plusieurs groupes égaux?

2. Voici un groupe de 12 pastilles. Jules, viens
prendre 3 unités dans ce groupe et les placer à
part. — Quelle opération as-tu faite? — Victor,
viens-en prendre 3 autres et les placer un peu plus
loin. — Quelle opération as-tu faite? — Odile,
ôtes-en encore 3 et les place au delà. — En ôtant
du groupe ces 3 pastilles, quelle opération fais-tu
encore? — Enfin, Amélie, viens ôter encore 3 pastilles et les porter à la suite des autres groupes
formés.

Groupe à décomposer.   4 groupes égaux formés.

● ● ● ● ● ● ● ● ● ● ● ●   ● ●   ● ●   ● ●   ● ●
                                    ●   ●   ●
12 pastilles.   3   3   3   3 pastilles.

Que reste-t-il là où était le groupe? — Quelle opération fais-tu en ôtant ces dernières pastilles 3 à 3
jusqu'à ce qu'il n'en reste plus? Combien de sous-

tractions ont été faites successivement? — En ôtant ainsi successivement ces pastilles trois par trois et les posant plus loin sur la table, que sommes nous arrivés à former? (4 groupes.) — Combien se trouve-t-il d'unités dans chacun? — Comment appelle-t-on le nombre qui indique combien il y a d'unités dans chaque groupe formé? — Comment appelle-t-on le nombre qui indique combien on a formé de groupes? — Quelle opération sommes-nous donc arrivés à faire par ces soustractions successives? — Eût-il été plus court de faire le partage en une seule fois?

5. La mère de Jeanne lui dit un jour : Voici 18 crayons. Retire 3 crayons successivement, autant de fois que tu le pourras; écris au tableau ce qui *reste*, chaque fois que tu retires 3 crayons. — Jeanne dit alors, en écrivant au tableau :

Première fois. . . . . . . $18 - 3 = 15$
Deuxième fois. . . . . . . $15 - 3 = 12$
Troisième fois. . . . . . . $12 - 3 = 9$
Quatrième fois. . . . . . . $9 - 3 = 6$
Cinquième fois. . . . . . . $6 - 3 = 3$
Sixième fois. . . . . . . $3 - 3 = 0$

Combien de fois Jeanne a-t-elle retiré trois unités de dix-huit unités? — Combien de fois trois unités sont-elles contenues dans dix-huit unités? — Quelle sorte d'opération Jeanne a-t-elle faite? — Combien d'opérations de ce genre a-t-elle exécutées? — Pourrions-nous arriver au même résultat par une seule opération? — Comment appelez-vous cette opération plus rapide? — Écrivez au tableau le chiffre qui représente le groupe de crayons sur lequel Jeanne a opéré ? — A droite de ce chiffre, écrivez combien Jeanne a retiré de crayons à chaque fois. — A droite du dernier nombre, écrivez le chiffre qui indique combien de fois Jeanne a retiré trois crayons. — Tracez les signes arithmétiques employés dans la division. — Faites l'opération. — Le résultat est-il de même que celui donné par les soustractions?

4. Partagez également ces 8 brioches entre les 4 plus jeunes élèves. — Dites quelle est la part de chaque enfant. — Écrivez l'opération que vous venez de faire. — Multipliez le diviseur par le quotient; quel nombre retrouvez-vous au *produit*? — A quoi est égal le nombre ainsi retrouvé? — Le dividende est donc un produit qu'il faut *défaire*?

5. La maman de Gustave a donné 12 noix à son petit garçon qui les a partagées également entre 2 élèves qu'il avait pour amis. — Quelle quantité de noix Gustave a-t-il donnée à chacun? — Indiquez l'opération par des chiffres et des signes arithmétiques. — Que signifient les deux points que vous avez tracés entre le dividende et le diviseur? — Que veut dire le mot quotient? — Combien de fois le nombre 2 est-il contenu dans le nombre 12? — Quel est le quotient?

6. Voici 24 haricots; Jules va écrire ce nombre au tableau. — Pierre va faire 8 groupes égaux de

ces vingt-quatre haricots ; puis il écrira à la droite
de 24 le chiffre qui représente le nombre de groupes. — Lucien viendra placer les signes arithmétiques ; ensuite, il écrira au-dessus de chaque *terme*
le nom qui le désigne. — Combien ai-je donné de
haricots *en tout* ? — Combien a-t-on fait de groupes ?
— Ces groupes sont-ils *égaux* ? — Quel nom donne-
t-on au nombre qui indique combien il y a de
groupes ? — Où écrit-on ce nombre ? — Que représente le nombre écrit à la droite du diviseur ? —
Quel nom donne-t-on au groupe à partager ? —
Comment appelle-t-on le nombre qui indique ce
qu'il y a de haricots dans un des groupes formés ?
— Que signifie ce mot ?

7. Pierre s'arrête sur une place pour regarder
les soldats faire l'exercice. Il compte 48 soldats
alignés sur 4 rangs. — Combien y a-t-il de soldats sur chaque rang ? — Quel nombre prenez-
vous pour diviseur ? — Pourquoi ? — A quoi est
égal ici le dividende ?

8. Une marchande a vendu 6 bouquets de vio-
lettes pour 90 centimes. Les bouquets ont été vendus tous à prix égal. — Combien coûtait un bou-
quet ? — Quelle opération avez-vous faite ? — Quel
nom donnez-vous au résultat de cette opération ? —
Quel nombre avez-vous pris pour dividende ? —
Pourquoi ?

9. Un enfant a 72 billes qu'il veut partager
également entre lui et 7 de ses camarades. — Com-

bien gardera-t-il de billes pour lui?—Quel nombre prendrez-vous pour diviseur? — Pourquoi? — De quelle *nature* sont les unités du quotient?

10. Une jeune fille va passer les vacances à la campagne. On lui donne à faire 27 problèmes en 9 jours. — Combien en fera-t-elle par jour, si elle veut diviser également sa tâche? — Si la jeune fille ne faisait qu'un problème par jour, combien mettrait-elle de jours à les faire tous?

11. Maman a dans son armoire 48 chemises. Elle veut les ranger dans 4 piles égales. — Combien en mettra-t-elle dans chaque pile? — Faites l'opération.—Maintenant que l'opération est faite, comment retrouverez-vous le nombre 48 pour vérifier? — Quel nom donnez-vous aux nombres qui ont formé 48?

12. Une modiste a 20 fleurs à mettre sur 5 chapeaux; si elle en met une quantité égale sur chacun, combien y aura-t-il de fleurs sur un chapeau? — Quel est le produit *donné*? — Quel est le facteur *cherché*? — Quel est le facteur *connu*?

13. Gustave ramasse de jolis cailloux au bord de la rivière. Il en met un nombre égal dans chacune des deux poches de son pantalon; puis il les réunit pour les compter, et il en trouve 28. — Combien Gustave avait-il mis de cailloux dans chaque poche?—Combien de fois ce nombre est-il contenu dans le dividende?

5

14. Adèle veut partager également 16 cerises entre elle et sa sœur. — Combien en donnera-t-elle à sa sœur ? — Quelle sera la part d'Adèle ? — Comment appelez-vous le nombre qui indique la part de chaque petite fille ?

15. Un professeur a 30 feuilles de papier pour faire 5 cahiers. — Combien mettra-t-il de feuilles dans chaque cahier ? — Quel est le dividende dans ce problème ? — Des deux facteurs qui ont formé le produit, lequel connaissez-vous ? — Comment ferez-vous pour trouver l'autre facteur ? — Quel nom donne-t-on dans la division au facteur connu ? — Comment appelle-t-on le facteur cherché ?

16. 8 ouvriers charpentiers sont occupés à soulever une poutre. Il y a un nombre égal d'hommes à chaque extrémité de la poutre. — Quel est ce nombre ? — Quel raisonnement avez-vous fait pour trouver le résultat ?

17. On veut planter dans un champ 40 arbres sur 5 rangées. — Combien devra-t-on mettre d'arbres dans une rangée ? — A quoi reconnaissez-vous lequel des nombres est le dividende ? — Quelle est la *nature* des unités que vous donnera le quotient ?

18. Si j'ai 75 cartes à ranger dans une boîte contenant 25 cases, combien mettrai-je de cartes dans une case ? — Combien de fois le nombre 25 est-il contenu dans 75. — Combien de fois serait-il contenu dans un nombre double? — Et dans un nombre triple?

19. Un élève doit écrire 30 verbes en 15 jours. — Combien faut-il qu'il en écrive par jour? — Quelle est la *nature* des unités du dividende? — Quelle sera la *nature* des unités du quotient?

20. Un marchand a 522 bonbons à vendre. Il veut les répartir également dans 3 boîtes. — Combien mettra-t-il de bonbons dans chaque boîte? — Combien le marchand a-t-il fait de parts de ses bonbons? — Quelle quantité de bonbons a-t-il mis dans chaque part? — Quel est le dividende? — Le diviseur? — Le quotient?

21. Un enfant joue avec 250 soldats de plomb. Il veut en faire 25 rangées égales. — Combien en mettra-t-il dans *chaque* rangée? — Si vous réunissez toutes les rangées de soldats en un seul groupe, combien trouverez-vous de soldats?

22. Un jardinier a récolté 240 pommes. Il les range également sur 16 planches. — Combien met-il de pommes sur chaque planche? — Si vous multipliez le nombre de pommes contenues sur chaque planche par le nombre de planches, quelle est la *nature* des unités que vous trouvez au produit? — Vérifiez. — Quelle opération avez-vous faite pour vérifier?

23. Il y a 6 bancs égaux devant les tables. Lorsque ces bancs sont remplis d'enfants, ils contiennent tous ensemble 30 enfants. — Combien y a-t-il d'enfants sur chaque banc? — Le nombre d'enfants contenus sur un banc est-il plus petit que le nombre d'enfants contenus sur tous les bancs? — Combien de fois est-il plus petit? — Quels sont ici le dividende, le diviseur, le quotient?

24. On a collé sur un album de 12 feuilles un nombre égal d'images sur chaque feuille. Il y a en tout 120 images. — Combien cela fait-il d'images sur une feuille? — Avant d'opérer, dites pourquoi vous prendrez tel nombre pour dividende et tel autre pour diviseur.

25. Un serrurier donne à un ouvrier 75 francs pour 15 jours de travail. — Combien lui donnera-t-il pour une *seule journée?* — En combien de groupes faut-il partager la somme de 75 francs? — Quelle *nature* d'unités exprimera le quotient?

26. Julie gagne 1,200 francs par an. —Combien cela fait-il par mois? — Combien de fois le *gain* d'un mois est-il contenu dans le *gain* d'une année?

27. Pour 21 fr. on a 7 mètres de toile. — Combien coûte un mètre? — Quand on a sept fois moins de marchandise, combien de fois moins d'argent donne-t-on?—Quel est le dividende?--Le diviseur? — Le quotient?

28. Si un marchand reçoit 20 fr. pour 5 paires de souliers, combien recevra-t-il pour *une seule paire?*—Quand la marchandise livrée est cinq fois moindre, combien de fois la somme reçue devient-elle plus petite ?

29. Une dame a 30 fr. dans sa bourse. — Combien peut-elle acheter de mètres de drap à 6 fr. le mètre ? — Pour chaque somme de 6 fr. que la dame donnera, combien recevra-t-elle de mètres ? — Combien devra-t-elle donner de fois 6 fr. pour *épuiser* sa bourse ? — Faites maintenant l'opération en la raisonnant.

30. Un ouvrier gagne 60 fr. dans 20 jours. Combien gagne-t-il par jour ? — Quand un ouvrier travaille vingt fois moins que 20 jours, combien de fois son *gain* devient-il plus petit ?

31. Une ménagère a payé 60 centimes pour six œufs. — Si elle n'avait acheté qu'un œuf, combien aurait-elle payé ? — Lorsque la quantité de marchandise achetée est plus faible, que devient la somme qu'il faut payer au marchand ?

32. Un copiste met 5 heures à copier 20 pages. — Combien copie-t-il de pages en une heure ? — Quand le temps employé est cinq fois moindre, combien de fois la quantité d'ouvrage fait devient-elle moindre aussi ?

33. Louis a 9 billes ; il veut les partager également entre 4 camarades ; il est embarrassé et vous charge de faire le partage. — Le pouvez-vous ? — Si vous faites quatre parts égales, combien pouvez-vous en mettre au plus dans chacune ?

— Faites ces parts. — Avez-vous tout distribué?
— Combien vous en reste-t-il? — Pourquoi ne
pouvez-vous pas mettre cette bille qui vous reste
dans l'une des parts? — Quand on partage un
groupe en parts égales, il peut donc arriver qu'il
reste quelques unités qu'on ne peut plus partager?
— Comment appelle-t-on ces unités?

34. Une maman partage également 29 prunes
entre ses 3 enfants. — Quelle est la part de chacun? — Reste-t-il encore des prunes? — Ajoutez
ce qui reste de prunes à toutes les parts réunies.
— Quel nombre retrouvez-vous?

35. Un papa étant en promenade avec ses deux
petits garçons, achète 29 marrons rôtis qu'il partage également entre ses deux enfants. — Combien
chaque enfant a-t-il reçu de marrons? — Combien
en est-il resté?

36. Une petite fille a dans une boîte 375 perles avec lesquelles elle fait des colliers. Si elle
emploie 43 perles pour un collier, combien pourra-
t-elle faire de colliers? — Faites l'opération nécessaire pour connaître le résultat? — L'enfant a-
t-elle employé toutes ses perles? — Combien lui
en reste-t-il? — Que ferez-vous pour retrouver le
nombre 375?

37. 6 enfants assis devant une table se partagent 39 bâtonnets pour faire de petits dessins géométriques. Ils en prennent autant l'un que l'autre
et rangent ce qui reste dans un tiroir. — Combien

y a-t-il de bâtonnets dans le tiroir? — Si vous
réunissez en un seul groupe tous les bâtonnets que
les enfants ont en main, retrouverez-vous les 39
bâtonnets? — Faites l'opération. — Que devez-
vous ajouter au produit pour retrouver le dividende?

38. Trois petits frères voulaient se partager
également huit œufs rouges pour leur déjeuner.
— Ont-ils pu faire ce partage sans reste? — Combien chaque enfant a-t-il eu d'œufs? — Combien en
est-il resté après le partage fait? — Que fait-on
du reste d'une division, quand on veut retrouver
le dividende? — Faites l'opération nécessaire pour
retrouver le nombre 8.

39. On a apporté dans une classe 42 encriers
qui doivent être répartis également sur 9 tables.
— Combien chaque table contiendra-t-elle d'encriers? — De combien d'encriers se compose le
reste? — Quel nombre obtenez-vous, en multipliant le diviseur par le quotient? — Ce nombre
est-il égal au dividende? — Pourquoi?

40. Un jour Ernest va prendre dans l'armoire
48 ardoises à dessin. Il en pose 5 sur chaque
table et range le reste dans l'armoire. — Combien
y a-t-il de tables dans la classe? — Combien d'ardoises n'ont pas été distribuées? — Si vous ajoutez
le nombre d'ardoises non distribuées au nombre
d'ardoises contenues sur toutes les tables ensemble,
combien d'ardoises retrouvez-vous?

41. Un photographe vint un jour dans une école pour faire le portrait des élèves; 47 enfants furent désignés par le maître et conduits dans la cour. Là, ils furent rangés également sur 3 bancs. — Combien y avait-il d'enfants sur un banc? — Combien restaient encore à placer? — Quel nombre est ici le dividende? — Quel nombre prenez-vous pour diviseur? — Si vous multipliez ce diviseur par le quotient, retrouverez-vous le dividende? — Que faudra-t-il faire pour retrouver le dividende?

42. Caroline et Adèle sont assises sur l'herbe auprès d'un champ de blé; elles tressent des couronnes avec des bluets. — Combien feront-elles de couronnes avec 130 bluets, si elles mettent 32 bluets dans chacune? — Lorsque les couronnes seront faites, restera-t-il des bluets? — Si l'on met ce qui reste de bluets dans une des couronnes, chaque couronne aura-t-elle encore un nombre égal de bluets?

43. Un marchand a 259 clous pour clouer 32 brides de sabots. — Combien mettra-t-il de clous sur chaque bride, s'il veut qu'elles en contiennent toutes une égale quantité? — Lorsque toutes les brides seront clouées, le marchand aura-t-il *épuisé* sa provision de clous? — Dites le nombre à diviser. — Indiquez le nombre qui divise. — Comment s'appellera le nombre qui fera connaître la quantité de clous enfoncés dans chaque bride?

44. J'ai rangé également 60 plumes dans 3 boîtes.

— Combien ai-je mis de plumes dans une boîte? —
Comment nommez-vous le nombre qui indique la
contenance d'une *seule* boîte? — Si j'avais le *double*
de plumes à ranger dans les trois boîtes, combien faudrait-il en mettre dans chacune?

45. On partage également 72 dragées entre 9
enfants. — Quelle est la part de chacun? — Si le
nombre d'enfants était double, le nombre de dragées restant le même, quelle serait la part de chaque enfant?

46. 2 porte-plumes coûtent ensemble 40 centimes. — Quel est le prix d'un *seul*? — Si l'on
achetait trois porte-plumes au même prix, combien
de centimes donnerait-on au marchand? — Combien aurait-on de porte-plumes pour quatre-vingts
centimes?

47. 3 chapeaux coûtent ensemble 27 fr. — Quel
est le prix d'un *seul*? — Quelle est la nature des
unités que vous trouverez au quotient? — Quelle
est la nature des unités du dividende? — Si l'on
achetait deux chapeaux de plus, au même prix,
quel serait le *surplus* de la dépense? — Quel serait
le *total* de la dépense?

48. Une dame apporte 132 bonbons et en donne
une part égale à 12 enfants. — Combien chaque
enfant a-t-il *reçu* de bonbons? — Combien manque-
t-il à chaque part pour qu'elle contienne une douzaine de bonbons? — Combien manque-t-il de

5.

bonbons à toutes les parts réunies pour qu'il y ait
140 bonbons?

49. Un savant a rangé 824 livres dans une
bibliothèque composée de 8 rayons. — Quel nombre de livres contient chaque rayon? — Quelle
quantité de livres y avait-il à ranger? — Si le
savant avait eu le triple de livres, combien aurait-
il dû en mettre sur chaque rayon? — Quel raisonnement avez-vous fait pour le savoir?

50. Une maman a 26 noix à partager entre ses
3 enfants. — Si elle donne à chacun une part égale,
aura-t-elle distribué toutes ses noix? — Faites
l'opération. — Multipliez le nombre de parts que
la maman a faites, par le nombre de noix contenues dans une part. — Retrouvez-vous au produit
les 26 noix? — Que devez-vous faire pour retrouver ce nombre?

PROBLÈMES MÉLANGÉS

SUR LES QUATRE OPÉRATIONS

Cette série de problèmes a pour but spécial de mettre l'enfant en demeure de déterminer quelle est la nature d'opération qui correspond aux données de la question.

C'est ici que les maîtres qui auront soigneusement suivi la marche précédemment indiquée recueilleront le fruit de leur patience, en voyant les enfants se décider, avec raisonnements à l'appui de leur choix, pour l'une ou l'autre opération.

Il est plusieurs de ces problèmes, surtout vers la fin, qui comportent deux ou trois opérations successives de nature différente, pour arriver à la solution définitive. Les enfants, habitués au raisonnement par les précédents exercices, se sentiront ici comme portés par un instinct acquis.

Quelques autres problèmes comprennent plusieurs questions distinctes successives, chacune constituant

pour ainsi dire un problème à part, quoique partant des
mêmes données premières. Il convient alors, afin de ne
pas embrouiller les enfants, de ne pas diviser leur attention, de ne leur poser ces questions que successivement,
attendant que la solution de la première soit obtenue
pour leur poser la seconde, et ainsi de suite.

Les questionnaires qui suivent chaque problème ont
encore ici pour but de rappeler les principes du raisonnement et le rôle des nombres dans chaque opération.

---

1. Annette a acheté 3 petites feuilles d'images;
sur chaque feuille, il y a 4 images.—Combien cela
fait-il d'images en *tout*? — Le nombre 3 est-il le
multiplicateur ou le multiplicande?

2. Une marchande avait 25 oranges dans un
panier. Le panier a été renversé; 10 oranges
ont roulé dans le ruisseau. La marchande vend le
reste de ses oranges à 5 centimes pièce.—Combien
reçoit-elle?—Combien la marchande a-t-elle vendu
d'oranges? — Qu'avez-vous fait pour le savoir?

3. Jules et Marie sont malades; ils boivent de
la tisane. On a mis dans la tisane de Jules 2 morceaux de sucre; dans celle de Marie, on en a mis
3 fois autant. — Combien y a-t-il de morceaux de
sucre dans la tisane de Marie? — Quel est l'*excès*
du deuxième nombre sur le premier? — Quelle

opération fait-on quand il s'agit de répéter plusieurs fois le même nombre? — Comment connaît-
on l'excès d'un nombre sur un autre nombre?

4. Paul a mis dans sa main droite 8 cailloux, et
dans sa main gauche un nombre de cailloux 2 fois
plus petit. — Combien Paul a-t-il de cailloux dans
sa main gauche? — Combien dans les deux mains
ensemble? — Quelle opération fait-on quand on
veut rendre un nombre un certain nombre de fois
plus petit? — Quelle opération faut-il faire pour
réunir *plusieurs* nombres en *un seul*? — Y a-t-il lieu
ici de faire ces deux opérations? — Pourquoi?

5. Un enfant a 8 poissons rouges qu'il veut répartir également dans 4 bocaux; combien doit-il
en mettre dans chaque bocal? — Quelle opération
avez-vous faite? — En combien de groupes égaux
avez-vous partagé les poissons? — Comment s'appelle le nombre qui indique la quantité de groupes
que vous avez faits? — Comment appelez-vous le
groupe que vous avez partagé?

6. Trois enfants s'arrêtent devant une boutique
de jouets. Charles achète une toupie de 15 centimes et donne à la marchande deux pièces de
10 centimes. — Combien doit-on *rendre* à Charles?
— Alexandre achète un ballon de 25 centimes et
donne trois pièces de 10 centimes. — Combien
a-t-il donné de *trop*? — Ernestine donne une pièce
de 50 centimes pour payer une poupée de 35 centimes. — Quelle différence y a-t-il entre la somme

donnée par Ernestine et le prix de la poupée? — Que doit faire la marchande de cette différence?

7. Il y avait dans un fruitier 240 pommes rangées également sur 8 planches. Toutes ces pommes ont été partagées également entre 4 familles. — Combien chaque planche portait-elle de pommes, et quelle a été la part de chaque famille?

8. Dessinez un losange, 3 rectangles, 2 carrés, 5 triangles, 1 angle. — Combien de figures géométriques avez-vous dessinées? — Quelles sont les figures qui contiennent le plus petit nombre de lignes? — De combien de lignes se compose un triangle? — Combien faut-il de lignes pour former un carré? — Combien pour faire un losange? — Combien pour un rectangle? — Combien y a-t-il de lignes dans tous les carrés et dans tous les rectangles réunis? — Combien dans tous les triangles réunis? — Dites le total de toutes les lignes tracées. — Effacez les cinq triangles, et dites ce qui reste de lignes. — Quelle opération avez-vous faite pour obtenir ce résultat?

9. Trois petits oiseaux se disputent des grains d'orge jetés à terre. L'un en mange 8, l'autre 12, un troisième 9. On demande : 1° Combien les oiseaux ont mangé de grains? — 2° Combien il y avait de grains par terre, sachant qu'il en reste 25?

10. Un enfant va au Jardin des Plantes pour voir les ours qui sont au nombre de 3. Il achète un petit pain qu'il casse en 18 bouchées, et il en jette

un nombre *égal* à chaque ours. On demande :
1° Combien chaque animal a reçu de morceaux?—
2° Si le pain eût été cassé en deux fois autant de
morceaux, combien chaque animal en aurait reçu
si l'enfant avait tout donné? — Quelle opération
faut-il faire pour répondre à la première question?
— Quels seront, dans cette opération, les nombres *concrets* et les nombres *abstraits*? — Combien
d'opérations aurez-vous à faire pour répondre à la
deuxième question?

11. Jules a reçu 90 centimes pour avoir bien
travaillé en classe. Il a acheté une toupie de
10 centimes, une corde de 20 centimes, un ballon
de 25 centimes et il a donné 30 centimes à une
pauvre femme. — Combien Jules a-t-il encore de
centimes? — Que faut-il savoir d'abord? — Quelle
opération faut-il faire en premier lieu? — Que
faut-il faire pour savoir ce qui reste à Jules? —
Si Jules n'avait pas acheté de ballon, combien
lui serait-il resté *de plus*? — Combien lui serait-
il resté *en tout* alors?

12. Jacques joue aux dominos avec sa sœur
Henriette. Le jeu se compose de 28 dominos. Jac-
ques en a pris 10, et Henriette un nombre égal.
— Combien reste-t-il de dominos à l'écart du jeu?
— Quelles sortes d'opérations avez-vous faites? —
Dites la *nature* des unités dans chaque résultat ob-
tenu?

13. Un vannier range également dans sa boutique, sur trois planches, 75 paniers. — Combien

y a-t-il de paniers sur une *seule* planche?— Quelle
opération avez-vous faite ? — Comment avez-vous
vu qu'il fallait faire cette opération? — Comment
faites-vous la preuve?

14. Une couturière a 24 boutons à coudre. A la
fin de la journée, il lui reste dans sa boîte un
nombre de boutons 3 fois plus petit.— Combien la
couturière a-t-elle cousu de boutons? — Combien
en reste-t-il dans sa boîte?—Que devez-vous faire
tout d'abord? — Quel raisonnement ferez-vous ensuite?— Si vous réunissez le nombre de boutons
qui *restent* dans la boîte avec le nombre de boutons
cousus, quel nombre de boutons retrouvez-vous?

15. J'ai mis sur ma fenêtre 40 grains de blé;
les oiseaux sont venus en manger 18. J'en ai ajouté
16 à ceux qui restaient; 29 ont été mangés par
d'autres oiseaux; j'en ai remis encore 12. — Combien reste-t-il de grains de blé?—Combien de
grains ont été posés *en tout* sur la fenêtre?—Combien de grains ont été mangés? — Quelle différence y a-t-il entre le nombre de grains posés sur
la fenêtre la *première fois* et le nombre de grains
restés en *dernier lieu?*

16. Une blanchisseuse reçoit 20 centimes pour
blanchir un col. — Quelle somme lui donnera-t-on
pour le blanchissage de 3 cols semblables? — Si
les cols coûtaient un prix moitié moindre, combien la blanchisseuse recevrait-elle pour les 3 cols?

17. Pour aller à une campagne tout près de Paris, on paie 20 centimes une place de voiture. Si le conducteur a 4 voyageurs, combien recevra-t-il? — Quelle opération avez-vous faite? — Quels sont les facteurs *donnés*? — Quel est le produit *cherché*? — Quel nom donnez-vous au résultat obtenu par la multiplication des deux facteurs?

18. Un petit garçon a 12 pommes à vendre. Il en fait des tas de 4 pommes chacun qu'il vend 10 centimes. — Combien l'enfant fait-il de tas de pommes? — Quelle somme retire-t-il de sa vente? — Quel raisonnement avez-vous fait pour trouver le nombre de tas de pommes? — Quelle opération vous a fait connaître la recette?

19. Édouard et Louis ont chacun une brouette qu'ils emplissent de sable. Édouard a empli la sienne avec 25 pelletées. La brouette de Louis étant plus grande, il a fallu 9 pelletées de plus pour la remplir. — Combien y a-t-il de pelletées de sable dans les deux brouettes ensemble? — Quelles sont les opérations qu'il faut faire pour le savoir?

20. Un enfant s'amuse à faire des tas de cailloux. Il en fait un de 10 cailloux, un autre de 24, un autre de 16, un autre de 30, et le dernier en contient 18. — Combien l'enfant a-t-il ramassé de cailloux *en tout*? — Répétez chaque nombre du problème trois fois, et dites ce que devient le *nouveau total*.

21. Dessinez un angle, 3 triangles et 2 carrés.
— Dites combien vous avez dessiné de lignes *en
tout*. — Quelle opération avez-vous faite? — Effacez
un des triangles, l'angle et un carré. — Combien
avez-vous effacé de lignes? — Combien reste-t-il
de lignes? — Quelle opération avez-vous faite pour
répondre à la dernière question?

22. Une marchande de fraises en a quatre lots
à vendre. Le premier, elle le vend 4 francs, le
deuxième 7 francs, le troisième 5 francs, le dernier 8 francs. — Comment faut-il faire pour savoir
ce que la marchande a reçu d'argent? — A quoi le
résultat de l'opération est-il égal?

23. Une dame a été au marché; elle a acheté
10 centimes de cerises, 30 centimes de pois, un
chou pour 15 centimes, 10 centimes de fromage,
15 centimes de haricots. — Quelle opération faut-
il faire pour connaître la dépense? — Dites le *montant* de la dépense. — La dame avait emporté
95 centimes; combien lui *reste-t-il*? — Quelle opération avez-vous faite pour le savoir? — Combien
a-t-on dépensé pour les *fruits*? — Combien pour
les *légumes*? — Les haricots ont-ils coûté *plus cher*
ou *meilleur marché* que le chou et le fromage *ensemble*?

24. La maman de Sophie a mis un jour 12 allu-

mettes dans le porte-allumettes. Le lendemain,
elle en a ajouté 8. Le soir, le papa a usé 5 allumettes avant d'arriver à allumer la bougie. —
Combien y a-t-il encore d'allumettes dans le porte-
allumettes? — De quel nombre d'allumettes le papa
en a-t-il retiré cinq? — Si le père avait brûlé le
double d'allumettes, combien y en aurait-il encore?

25. Une dame sort avec 20 francs dans sa poche; elle perd 5 francs en chemin; avec le reste,
elle achète 3 livres de même valeur. — Quel est le
prix de *chaque* livre? — Que faut-il faire pour
connaître la *somme* que les trois livres ont coûté?
— Quand vous connaîtrez cette somme, que ferez-
vous pour savoir le prix d'un *seul* livre?

26. Ma montre avance de 12 minutes; elle dit
midi 35 minutes. Quelle heure est-il? — Quelle
opération faut-il faire pour le savoir? — Mais la
pendule de la classe marque midi 18 minutes. Est-
elle en avance ou en retard? — De combien? —
Quelle opération as-tu faite?

27. Pendant trois jours, Hélène a sauté à la
corde au moment de la récréation. Le premier
jour, elle a sauté 45 coups; le deuxième jour, 37;
le troisième jour, deux fois autant que le premier
jour. — Combien a-t-elle sauté de coups *en tout*? —
Combien d'opérations avez-vous faites? — Comment appelez-vous la première opération? — Quel
nom donnez-vous à la seconde?

28. Armandine a 90 centimes dans sa bourse.

Elle en retire un jour 10 centimes pour acheter un cahier. Le jour suivant, elle prend la somme nécessaire à l'achat de deux règles coûtant 5 centimes pièce. Quelques jours après, elle prend encore 30 centimes qu'elle emploie à l'achat de 3 feuilles de papier à dessin de valeur égale. — Combien Armandine a-t-elle dépensé pour les règles ? — Que lui a coûté une feuille de papier à dessin ? — Combien a-t-elle retiré de centimes de sa bourse ? — Que lui reste-t-il ?

29. 5 enfants se partagent également deux cents cerises ; combien *chacun* en mange-t-il ? — Les cerises valent 5 francs le cent ; combien valent les deux cents ? — Si le nombre de cerises à partager était *triple*, le nombre d'enfants restant *le même*, combien chaque enfant aurait-il de cerises ?

50. Il y a dans une chambre 3 tableaux accrochés au-dessus d'un canapé, 4 de chaque côté de la glace, et 2 au-dessus d'une étagère. — Les trois premiers tableaux coûtent *ensemble* 15 francs, les suivants coûtent 7 francs *pièce*, et les deux derniers coûtent *chacun* 6 francs. — Quelle somme coûte la *totalité* des tableaux ? — Combien d'opérations avez-vous faites ? — Combien de *sortes* d'opérations ?

51. On donne à une ouvrière 24 mètres d'étoffe pour faire 8 blouses *d'égale* grandeur. — Combien emploie-t-elle de mètres pour *chaque* blouse ?

Si le mètre d'étoffe coûte 3 francs, à combien

reviennent les *huit* blouses? — Que coûte *chacune*? — Comment s'appelle le résultat de la première opération? — De quelle *nature* sont les unités de ce résultat? — De quelle *nature* sont les unités du résultat dans la seconde opération? — Quelle opération avez-vous faite pour connaître le prix d'une blouse?

32. 4 enfants font la dînette. — Ils se partagent également 8 brioches, 4 pommes, 12 marrons glacés. — Combien *chaque* enfant a-t-il reçu de brioches, de pommes, de marrons? — Les brioches coûtaient 5 centimes pièce, les pommes 5 centimes, les 12 marrons 30 centimes. — Quelle somme a-t-on dépensée? — Indiquez les nombres qui représentent des groupes à partager. — Quels sont les nombres employés comme produits? — Par quels facteurs a été formé *chacun* de ces produits?

33. J'ai fait les emplettes suivantes dans un magasin de nouveautés : 2 filets à 3 fr. l'un, 3 mètres de velours à 1 fr. le mètre, 6 paires de bas à 2 fr. la paire, 4 porte-monnaie à 5 fr. pièce. — Combien ai-je dépensé? — J'ai donné en paiement un billet de 100 fr. — Combien m'a-t-on rendu? — Faites la preuve de toutes les opérations effectuées.

34. Victorine a reçu 100 fr. pour 20 jours de travail; elle a dépensé, sur cette somme, 50 fr. pour sa nourriture, 3 fr. pour son blanchissage et

10 fr. pour une paire de bottines. — Combien a-t-elle dépensé? — Que lui reste-t-il? — Qu'a-t-elle gagné par jour? — Combien de sortes d'opérations avez-vous faites? — Dites la raison pour laquelle vous avez fait *chacune* de ces opérations.

55. Combien coûtent 24 œufs à 45 centimes la douzaine? — Que devez-vous chercher d'abord? — Quelle opération ferez-vous pour cela? — Quelle est la *nature* des unités que vous trouvez au *résultat final*?

56. Je tiens ma montre cachée dans ma main. Julie, devine l'heure qu'elle marque. Tu vois, au cadran de la classe, qu'il est midi 17 minutes, et ma montre retarde de 9 minutes. Quelle opération dois-tu faire?

57. Une marchande de vaisselle a 8 saladiers, 17 soupières, 72 assiettes, 54 fourchettes, autant de cuillers, 25 verres et autant de carafes. — Combien a-t-elle d'objets à vendre? — Quelle opération faut-il faire pour le savoir?

La marchande vend 3 saladiers, 13 soupières, 60 assiettes, 16 fourchettes, 10 cuillers et 2 carafes. — Combien lui *reste-t-il* d'objets à vendre? — Pour répondre à cette question, que faut-il savoir? (Combien elle a vendu d'objets.) Quelle opération ferez-vous pour savoir cela? — Ensuite qu'aurez-vous à faire pour savoir ce qui *reste?*

58. Jules a reçu 50 fr. au jour de l'an. Il a acheté avec cette somme 3 livres à 2 fr. pièce. Il a

fait emplette de 2 blouses coûtant *chacune* 3 fr.
pour donner à un enfant pauvre. Il a acheté 6
pains à 1 fr. pour les pauvres, une paire de gants
de 4 fr. pour sa sœur, une paire de bottines de
15 fr. pour sa mère. Jules a mis le *reste* de son
argent dans sa tire-lire. — Quelle somme a-t-il
dépensée pour ses achats? — Combien y a-t-il dans
sa tire-lire? — Combien avez-vous d'opérations à
faire pour résoudre ce problème? — Combien de
sortes d'opérations? — Quelle sera la *nature* des
unités exprimées par le *résultat final?*

39. Arthur a reçu 3 boîtes de soldats coûtant
chacune 3 fr., un tambour de 2 fr., 5 boîtes de billes
contenant *chacune* 25 billes et coûtant 4 fr. la boîte.
L'enfant a *perdu* 40 billes. — Combien Arthur
a-t-il reçu *d'espèces* de joujoux? — Combien tous
les joujoux *ensemble* ont-ils coûté? — Quelles
sortes d'opérations avez-vous à faire pour répondre à cette question? — Combien Arthur a-t-il
encore de billes? — Comment appellerez-vous le
résultat de l'opération que vous ferez en dernier
lieu?

40. Un marchand de blouses en a 12 paquets
contenant *chacun* 30 blouses. Il vend *chaque* blouse
5 fr. — Quel est le produit de sa vente? — Quelle
est l'opération qui donne un *produit* pour résultat?
— Combien avez-vous à faire d'opérations de cette
sorte?

41. Un tailleur a gagné 40 fr. en 8 jours pour

la façon de 5 pantalons. Combien a-t-il gagné *par jour*, et quelle somme a-t-il reçue pour *chaque* pantalon? — Si le tailleur avait employé 10 jours à faire les pantalons, quel aurait été le gain d'*une* journée?—S'il avait fait 10 pantalons pour 40 fr., combien lui aurait rapporté la façon d'*un* pantalon?

42. Une maîtresse voudrait distribuer aux enfants trois douzaines de biscuits, mais elle n'a que 20 biscuits. — Combien doit-elle en acheter? Comment trouverez-vous d'abord le nombre de biscuits que la maîtresse doit distribuer, et le nombre de ceux qu'elle possède déjà?—Quel nom donnerez-vous à ce *résultat final*?

43. Pour 18 fr., on a 3 mètres d'étoffe; combien coûte un mètre? — Si vous donnez au marchand une somme *trois fois plus* forte, combien vous donnera-t-il de fois *autant* de mètres?— Combien, *dans ce cas*, donnerez-vous de *francs*?— Combien recevrez-vous de *mètres*?

44. Un monsieur a 30 fr. dans sa bourse. — Combien peut-il acheter de mètres de drap à 6 fr. le mètre? — Si, *chaque fois* que le marchand mesure un mètre de drap, le monsieur en payait le *prix*, combien de fois le monsieur retirerait-il 6 fr. de son porte-monnaie? — Combien de mètres le marchand aurait-il mesurés? — Quel raisonnement faut-il faire pour obtenir le même résultat d'une manière plus rapide?

45. Léon arrive à la classe avec cinq douzaines de billes. Entre combien d'enfants pourra-t-il les partager s'il donne 10 billes à *chacun*?

Sur quels nombres allez-vous opérer pour répondre à cette question? — Quelle *nature* d'unités représentera le nombre le *plus fort*? — Qu'est-ce que le nombre le *plus faible* indiquera dans l'opération?

46. J'ai acheté 125 crayons. Si j'en fais des paquets de 5 crayons *chacun*, combien aurai-je de paquets? — Si je vends les crayons à 50 centimes le paquet, combien recevrai-je? — Quel raisonnement avez-vous fait pour trouver le nombre de paquets? — Quelle opération avez-vous faite pour connaître le *montant de la recette*?

47. Léon et Jules ont *chacun* un album d'images. L'album de Léon contient 24 images. Celui de Jules en contient un nombre 3 fois plus petit. — Combien y a-t-il d'images dans l'album de Jules? — Quel nombre d'images contiennent les deux albums réunis? — Si le nombre d'images était réparti également entre les deux albums, combien y en aurait-il dans *chacun*?

48. J'ai acheté 6 paires de gants à 3 fr. la paire. Combien ai-je dépensé? — Combien le marchand recevrait-il, s'il vendait trois fois autant de paires de gants au même prix? — Quand la *vente* est *triplée*, que devient la *recette*?

6

29. Un petit garçon va dans un bois cueillir des noisettes. Il en met dans sa poche, d'abord 8, puis 7, puis 12, puis 15 et enfin 17. En arrivant chez lui, il s'aperçoit qu'une de ses poches est percée; il ne trouve plus que 12 noisettes. — Comment fera-t-il pour savoir combien il en a perdu en route? — Combien avez-vous fait d'opérations? — Quel *but* vous êtes-vous proposé en faisant chacune d'elles? — Dites le nom des résultats que vous avez obtenus.

30. Un enfant s'amuse à ramasser des graines de platane. Il en a déjà mis 25 sur un papier. Il en jette 3 qui ne lui paraissent pas assez mûres, et il en remet huit autres. Le vent en emporte 5 du papier; l'enfant en remet 7; il en donne 4 à sa petite sœur. Enfin, il met dans une boîte ce qui lui *reste* de graines. — Combien y a-t-il de graines dans la boîte? — Quelles sont les opérations que vous aurez à faire, *alternativement*, pour répondre à la première question? — Comment s'appellera le *résultat* de la dernière opération? — Que ferez-vous de ce *résultat*? — Quel nom lui donnerez-vous dans la dernière opération que vous ferez?

31. Il y avait une fois un papa qui marchandait un beau cheval à mécanique pour les étrennes de son petit garçon. Le marchand faisait le cheval 30 fr., mais le papa ne voulait le payer que 20 fr. Eh bien! dit le marchand, partageons également la *différence*. Le papa y consentit et acheta le cheval. — Combien le paya-t-il? — Quelle est la première chose à faire pour résoudre ce problème? — En quoi consiste la deuxième opération? — Décomposez le *résultat final* en *dizaines* et en *unités*.

52. J'ai acheté un panier de 3 fr., et j'ai donné au marchand une pièce de 5 fr. — Combien ai-je donné de trop? — Combien le marchand doit-il me rendre? — Quelle somme revient-il au marchand sur la pièce de 5 fr.? Quel nom donnez-vous au *résultat* de l'opération?

53. Léontine a reçu 20 fr. pour ses étrennes, et sa petite sœur, Julie, a reçu 5 fr. — Quelle est l'*excès* de la somme donnée à Léontine sur la somme donnée à Julie?

54. Sur la robe d'Amélie, il y a 15 boutons; sur la robe de Louise, il y en a 22. — De combien le nombre de boutons, posés sur la robe de Louise, *surpasse-t-il* le nombre de boutons cousus sur la robe d'Amélie? — Quel nom donnez-vous au *résultat* de l'opération?

55. Amélie veut ranger 20 livres sur un rayon de bibliothèque qui n'en peut contenir que 12. — Combien y a-t-il de livres *de trop* pour la contenance du rayon? — Quelle est la *différence* entre le nombre de livres que *peut contenir* le rayon et le nombre de livres *mis à part* du rayon?

56. Il y avait dans une prairie 125 marguerites. Il est survenu un grand vent qui en a couché 100

par terre; 5 enfants se sont partagé le reste. —
Quelle a été la part de *chacun?* — Quelle est la première opération à faire? — Pourquoi? — Écrivez
le raisonnement de la seconde opération et dites
ce que représente chaque *terme*.

57. En se promenant dans un champ, un enfant
cueille des fleurs. Il en a déjà 25 dans la main. Il
en laisse tomber 8, en cueille 15 autres et en perd
encore 5. — Ensuite, il rencontre en chemin trois
camarades et leur partage également ce qui lui
reste de fleurs. — Combien *chacun* reçoit-il de
fleurs? — Combien l'enfant a-t-il cueilli de fleurs
en ces deux fois? — Combien en a-t-il perdu? —
Qu'a-t-il fait des fleurs qui lui sont restées? —
Quelle opération avez-vous faite pour savoir combien de fleurs *chaque* camarade a reçues?

58. 500 cahiers ont été employés dans le courant de l'année par 25 élèves qui en ont reçu
autant l'un que l'autre. — Combien *chaque* élève a-
t-il reçu de cahiers? — Combien les a-t-il payés, sachant qu'un cahier a été vendu 10 centimes? —
Raisonnez les *opérations* que vous faites.

59. 3 boîtes de plumes contiennent *ensemble*
300 plumes; elles sont vendues à 4 pour 5 centimes.
— Que *rapporte* au marchand la *vente* de toutes les
plumes? — Combien y a-t-il de plumes dans *chaque*
boîte? — Combien de *sortes* d'opérations avez-vous
faites? — Comment s'appelle le *résultat* de chaque
opération?

60. Cinq enfants jouaient dans une prairie. Ils cueillirent 600 marguerites avec lesquelles ils firent 8 couronnes, contenant *chacune* 50 marguerites. Puis ils se partagèrent également le *reste* des fleurs pour faire des bouquets. — Combien les enfants ont-ils employé de marguerites pour faire les couronnes? — Combien *chaque* enfant a-t-il reçu de marguerites pour faire des bouquets?

61. Adèle avait gagné 30 bons points par semaine, pendant 3 mois. Ensuite, elle a été paresseuse, et elle a rendu 80 bons points. — Combien lui reste-t-il de bons points? — Combien d'opérations avez-vous à faire pour répondre à la première question? — Comment s'appelle la dernière opération que vous ferez? — De quelle *nature* seront les unités du *résultat final?*

62. Dimanche passé, une maman a conduit son enfant à la promenade. Elle a payé 2 places d'omnibus à 30 centimes par place, ils ont mangé *chacun* pour 30 centimes de gâteaux. — Combien la maman a-t-elle dépensé pour la voiture? — Combien *en tout?* — Indiquez la *nature* des unités dans chaque résultat?

63. Combien coûtent 15 porte-plumes à 5 centimes pièce? — Quel *gain* réalisera-t-on si l'on vend ces porte-plumes 95 centimes? — Si le prix de la *vente* est plus *élevé*, que devient le *gain?*

64. Pour faire 4 cahiers reliés, on a acheté des feuilles de carton pour 30 centimes. — Combien

6.

a-t-on dépensé? — Un cahier est vendu 10 centimes. — Quelle somme rapporte la *vente* de tous les cahiers? — Quel bénéfice réalise-t-on? — A quelle condition un marchand a-t-il du bénéfice sur sa marchandise?

65. Une petite fille a 180 perles blanches, 235 rouges, 372 bleues. Elle emploie 111 perles blanches pour faire 3 colliers, 340 perles bleues pour faire 4 colliers, 235 perles rouges pour 5 colliers. — Combien y a-t-il de perles dans un des colliers blancs? — Quelle opération faut-il faire pour le savoir? — Quelle quantité de perles contient un collier bleu? — Quelle opération faut-il faire pour le savoir? — Combien de perles dans un collier rouge? — Que reste-t-il de perles blanches? — de perles bleues? — de perles rouges? — Que ferez-vous pour connaître le *reste* de chaque *sorte* de perles? — Combien la petite fille a-t-elle encore de perles en tout? — Comment trouvez-vous ce qui lui reste? — Combien de perles ont été employées pour tous les colliers? — Quelle est la dernière opération à faire? Combien lui reste-t-il de perles?

66. Un marchand de parapluies a vendu 3 ombrelles vertes à 15 fr. pièce, 5 ombrelles grises à 6 fr., 9 parapluies marrons à 25 fr., 4 parapluies noirs à 8 fr. Il a dépensé 146 fr. pour faire les parapluies et les ombrelles. — Combien a-t-il reçu d'argent? — Qu'avez-vous à faire pour répondre à cette question? — Quel est le bénéfice du marchand? — Que faut-il savoir pour trouver le béné-

fice? — Quelle opération faut-il faire pour savoir cela? — Dites ce que représente chaque nombre du problème.

67. Si un marchand vend 5 paquets d'allumettes, contenant *chacun* 120 allumettes, combien aura-t-il vendu d'allumettes?

Le paquet *coûtant* 10 centimes, quelle *somme* recevra-t-il? — Quel nom donnez-vous au nombre qui indique combien il y a d'allumettes dans tous les paquets réunis?

68. Un marchand avait 130 billes à vendre. Il en a vendu 58, puis il a rangé le reste également dans 6 boîtes; chaque boîte a été vendue cinq centimes.

On demande : 1° combien il y avait de billes dans *chaque* boîte; — 2° quelle somme le marchand a reçue pour le contenu de *toutes* les boîtes.

Quelle est la première opération à faire? — Dans quel but ferez-vous cette opération? — Que ferez-vous du résultat? — Combien avez-vous fait d'opérations pour résoudre ce problème?

69. Une dame entre dans un magasin pour acheter un manteau. Le manteau coûte 25 fr., et la dame n'a que 19 fr. Combien lui *manque*-t-il pour le payer? — Quel est le *prix* du manteau? — Quelle *somme* possède la dame? — Ces deux nombres sont-ils *égaux*? — Il y a donc une *différence* entre eux? — Comment pouvez-vous connaître cette *différence?* — La *différence* est-elle en *plus* ou en *moins* du prix que coûte le manteau? — Faites l'opération et la *preuve.*

70. Gustave avait 50 billes; il en a donné 5 à chacun de ses trois frères; il en a perdu 8 en jouant et 9 en allant à l'école. Il a vendu le reste de ses billes à 6 pour cinq centimes. — Combien Gustave a-t-il reçu de centimes? — Quel est le *résultat final* que vous vous proposez de trouver? — Que faut-il savoir pour trouver ce *résultat?* — Combien faut-il faire d'opérations pour cela? — Quelles *sortes* d'opérations?

71. La maman de Léontine a acheté 6 mètres d'étoffe à 2 fr. le mètre pour lui faire une robe. Elle l'a garnie dans le bas avec 3 mètres de velours à 10 centimes le mètre. 2 mètres du même velours ont été employés pour garnir les manches. Sur le devant de la robe, la maman a mis 6 boutons à 60 centimes la douzaine. — A combien revient la robe de Léontine? — Faites le calcul en détail, en expliquant les opérations.

72. Un marchand a 2 douzaines de prunes qui lui coûtent cinq centimes la demi-douzaine. — Combien a-t-il dépensé pour toutes les prunes? — Combien avez-vous d'opérations à faire pour le savoir?

Le marchand vend *chaque* demi-douzaine 10 centimes. — Quelle *somme* reçoit-il pour une *douzaine?* — Quelle *recette* fait-il sur toutes les prunes? —

Quel est son *bénéfice* sur *toutes* les prunes? — Quelle opération avez-vous faite pour connaître la *recette* d'une *douzaine* de prunes? — Qu'avez-vous fait pour trouver la *recette totale*? — Comment avez-vous trouvé le *bénéfice total*?

73. Un marchand de nouveautés a acheté 8 pièces de toile contenant *chacune* 12 mètres, à raison de 3 fr. le mètre. Il a vendu les huit pièces 384 fr. On demande : 1° Combien il y avait de mètres de toile dans les huit pièces; — 2° combien le marchand a dépensé par pièce; — 3° combien lui ont coûté les huit pièces; — 4° ce qu'il a vendu *chaque* pièce et *chaque* mètre;—5° combien il a gagné par pièce et par mètre; — 6° quel *bénéfice* il a réalisé *en tout*. — Quelle est la *nature* des unités dont on demande le nombre dans la première question? — Que faut-il faire pour connaître le prix de *plusieurs* choses, quand on connaît le prix d'une *seule*? — Quelle opération fait-on pour connaître le prix d'*une* chose, lorsqu'on connaît le prix de *plusieurs*? — Lorsqu'un marchand reçoit *plus* qu'il ne dépense, *perd*-il ou *gagne*-t-il?

74. Maman m'achètera à Pâques une robe de 20 fr., un chapeau de 10 fr., des bottines coûtant 15 fr., un manteau pour 12 fr. Je donnerai à maman 13 fr. que j'ai dans ma tire-lire. Combien aura-t-elle à fournir *en outre* pour compléter la somme dépensée?

Que faut-il chercher tout *d'abord*? — Que ferez-vous ensuite des 13 fr. que vous donnez à votre maman? — Comment appellerez-vous le *résultat* de cette seconde opération? — Si vous pouviez *doubler* la *somme* que vous donnez à votre maman, aurait-elle assez pour *tout* payer, et lui *resterait*-il quelque chose encore?

75. Une couturière a fait 8 robes dont la façon lui a été payée 12 fr. pièce; plus 4 manteaux à raison de 10 fr. *chacun;* plus, 6 pantalons à 2 fr. l'*un.* — Combien la couturière a-t-elle fait de vêtements? — Quelle somme a-t-elle reçue pour son travail? — *Quadruplez* le nombre de robes. — Que devient la *somme* payée pour la façon de ces robes? — *Triplez* le nombre de manteaux. — Que devient le *prix* de la façon de ces manteaux? — *Quintuplez* le nombre de pantalons. — Que devient le nombre qui indique le *prix* de la façon de ces pantalons.

Si une ouvrière travaille *deux fois plus*, combien de fois son *salaire* doit-il être plus fort? — Si un ouvrier travaille trois *fois plus*, que doit devenir son *gain*?

76. On a acheté chez le pharmacien une boîte contenant 40 pilules. On en a donné 3 par jour pendant 5 jours à un enfant malade. Ensuite l'enfant en a pris 2 par jour pendant 8 jours. Puis, quand il a été guéri, il a compté le reste des pilules. — Combien a-t-il trouvé de pilules dans la boîte? — Combien l'enfant a-t-il avalé de pilules

pendant les 5 premiers jours? — Combien pendant
les trois jours suivants? — De combien le nombre
de pilules a-t-il diminué pendant la maladie de
l'enfant? — Quel était le contenu de la boîte au
commencement de la maladie? — Quel était le
contenu de la boîte, lors de la guérison? — Quelle
est la *différence* entre ces deux nombres? — Que
sont devenues les pilules représentées par cette
différence?

77. Une dame fait les emplettes suivantes : une
paire de gants de 3 fr., une robe de 17 fr., un chapeau de 12 fr., une paire de bottines de 15 fr. Elle
rentre chez elle avec 3 fr. dans son porte-monnaie.
— Combien avait-elle avant de faire ses achats? —
Que faut-il ajouter à la *somme dépensée* pour savoir
le *résultat*?

78. Un jardinier récolte sur un arbre 16 pommes;
il les vend 5 centimes pièce et partage également
le *prix* de sa vente entre 4 enfants pauvres.
— Combien *chaque* enfant reçoit-il de centimes? —
Quel nom donnez-vous au nombre qui représente le
prix de la récolte? — Comment avez-vous formé ce
nombre? — S'il y avait eu 8 enfants, quelle eût
été la part de *chacun*? — S'il n'y avait eu que 2
enfants, quelle *somme chacun* aurait-il reçue?

79. Il y a dans un bateau 25 sacs de charbon
qu'on veut vendre 6 fr. pièce. Le bateau s'enfonce
sous l'eau et 12 sacs sont perdus. — Quelle *somme*

retirera-t-on de la vente du charbon ? — Combien a-t-on vendu de sacs de charbon ? — Le prix d'*un* sac est-il *connu* ? — Comment pouvez-vous trouver le prix de *tous* les sacs vendus ? — Quelle somme le marchand aurait-il reçue s'il avait vendu *tous* les sacs ? — Combien a-t-il *perdu* à l'accident ? — Quelle *opération* devez-vous faire pour répondre à cette dernière question ?

80. Une dame a fait don de 520 fr. à une école. On a acheté avec cette somme : 90 mètres d'étoffe à 3 fr. le mètre pour habiller 30 enfants. Avec le reste de l'argent, on a fait emplette de livres à 2 fr. pièce. — Combien a-t-on dépensé pour l'étoffe ? — Combien pour les livres ? — Combien a coûté l'habillement d'*un* enfant ?

Sur quel *nombre* faut-il opérer pour répondre à la première question ? — Dans quel *but* ferez-vous la seconde opération ? — Quelle *opération* ferez-vous pour répondre à la troisième question ?

81. On a acheté 20 mètres d'étoffe à 2 fr. le mètre pour faire 10 blouses. La façon de *chaque* blouse a coûté un franc. Les blouses ont été distribuées à 2 par enfant. On demande : 1° Combien on a dépensé. — 2° Combien d'enfants ont été vêtus ? — Connaissez-vous le *prix* d'*un* mètre ? — Comment ferez-vous pour connaître le prix de 20 mètres ? — Savez-vous ce qu'a coûté la façon d'*une* blouse ? — Comment exprimerez-vous ce qu'on a payé pour la façon de 10 blouses ?

82. Un menuisier emploie 27 ouvriers; 9 sont payés à raison de 8 fr. par jour; il y en a 15 qui gagnent 6 fr., et 3 dont le *salaire* s'élève à 5 fr. — Quelle somme le maître devra-t-il débourser pour le paiement d'un mois, en déduisant les dimanches? — Si tous ces ouvriers étaient payés *chacun* 5 fr. par jour, quelle somme le menuisier dépenserait-il par mois? — Quelle *différence* y aurait-il entre cette somme et la première? — La *différence* serait-elle à l'avantage du patron? — Quels ouvriers perdraient le plus à ce second mode de paiement?

83. Un petit garçon fait un tas de feuilles dans un coin de la cour. Le vent en emporte 15 sur 240 que l'enfant avait déjà amoncelées. L'enfant en remet 28. Le vent en disperse encore 29. L'enfant fait 5 tas égaux des feuilles qui lui restent. — Combien met-il de feuilles dans chaque tas? — Quel nom donnez-vous au *résultat final*? — Quelle opération avez-vous faite en dernier lieu pour obtenir ce résultat? — Quels sont, dans cette opération, les termes qui indiquent la *nature* des unités? — Quelle *différence* y a-t-il entre le nombre de feuilles amoncelées et le nombre de feuilles dispersées par le vent? — Quelle *différence* voyez-vous entre le nombre de feuilles contenues dans les cinq tas, et le nombre de feuilles que le vent a emportées?

84. On a donné 5,400 fr. pour secourir les pauvres d'un village. Cette somme a été dépensée de

7

la manière suivante : 1,000 fr. ont été partagés entre 20 familles. On a acheté 2,000 pains à un franc pièce. — Que reste-t-il d'argent? — Combien chaque famille a-t-elle reçu? — Quelle somme a été dépensée pour le pain? — Ayant toujours mille francs à distribuer, si le nombre des familles eût été double, que serait devenue la somme reçue par *chacune*? — Si les pains avaient coûté 2 fr. pièce, combien aurait-on dépensé pour deux mille pains?

85. Une marchande a vendu 60 boîtes à 6 fr. pièce. — Quelle somme a-t-elle reçue? — Quel est son bénéfice, sachant qu'elle avait payé ses boîtes 2 fr. 90. — Si elle doublait le prix de vente de ses boîtes, que deviendrait la somme reçue? — Qu'aurait-elle de bénéfice, cette fois? — Lorsque la recette excède la dépense, a-t-on du bénéfice ou de la perte? — Lorsque la dépense excède la recette, a-t-on de la perte ou du *bénéfice*?

86. Une mère de famille a gagné 80 fr. Avec cette somme, elle a acheté pour 14 fr. de pain, 9 fr. de vin, 25 fr. de viande, et 10 fr. de légumes. Le reste de l'argent est employé à l'achat de 2 blouses de valeur égale. — Combien coûte chaque blouse? — Ajoutez le prix des blouses à la dépense de nourriture; quel nombre retrouvez-vous? — Quelle *différence* y a-t-il entre la somme dépensée pour la nourriture, et le prix des blouses?

87. Un père dit à son fils : chaque fois que tu m'apporteras 30 bons points, je te donnerai 2 fr.

A la fin de l'année, l'enfant avait dans sa bourse
48 fr. — Combien avait-il gagné de bons points?
— Quelle est la *nature* des unités que vous avez à
compter? — Quel est le *prix* de trente bons points?
— Combien de fois l'enfant a-t-il reçu cette somme?
— Alors, combien de fois l'enfant avait-il gagné
trente bons points? — Dites le *résultat final*.

88. Un monsieur veut acheter une canne; il a
8 fr. dans son porte-monnaie. Le marchand lui
dit : Il vous manque 3 fr. — Combien coûte la
canne? — Quelle *différence* y a-t-il entre le *prix* de
la canne et la *somme* que possède l'acheteur?

89. Maman est sortie avec 12 fr. dans sa poche.
Elle a acheté en chemin un panier de 2 fr., un fichu
de 1 fr., de l'épicerie pour 3 fr., de la mercerie
pour 10 fr. — Combien a-t-elle dépensé, et que lui
reste-t-il? — Quelle somme la maman avait-elle
en sortant pour faire ses commissions? — Lorsqu'elle est rentrée chez elle, avait-elle de l'argent
en *plus* ou *en moins*? — Que faut-il faire pour savoir *au juste* ce qu'elle avait à son retour?

90. Une petite fille, voulant aider sa mère à
gagner de l'argent, se mit à marquer des mouchoirs. Elle en marque 8 dans un jour. Il y avait
2 lettres sur chaque mouchoir, et chaque lettre
était payée 5 centimes. On demande : 1° combien
la petite fille a fait de lettres; 2° quelle somme lui

a rapportee son travail ? — Quelle est la *nature* des unités que vous trouverez dans le premier résultat? — Quelle opération faut-il faire pour trouver ce résultat ? — Quelle *sorte* d'opération vous fera connaître le second résultat ? — En quoi le second résultat ressemble-t-il au premier ? — En quoi diffère-t-il du premier résultat?

91. Une maîtresse a partagé également 15 bons points entre 3 élèves de la première division. Combien chaque élève a-t-il reçu de bons points?

Elle a distribué, également aussi, 24 bons points entre 8 élèves de la seconde division. — Quelle a été la part de chaque élève?

Enfin, 16 bons points ont été répartis également entre 4 élèves de la troisième division. — Dites le nombre de bons points reçus par chaque élève de cette dernière division. — Avez-vous fait la même opération pour répondre aux trois questions? — En quoi consiste cette opération? — Combien d'élèves *en tout* ont été récompensés? — Quelle opération avez-vous faite pour le savoir? — Combien de bons points ont été distribués *en tout*? — Quelle opération faut-il faire pour répondre à la dernière question?

92. Albert et Louis ont porté des bûches de bois dans le bûcher. Albert en a porté 20, et Louis en a porté un nombre 5 fois plus petit. — Combien Louis a-t-il porté de bûches? — Quelle est la *différence* entre le nombre de bûches portées par chaque enfant? — Combien Albert en a-t-il porté de plus que Louis? — Combien tous deux *ensemble*?

93. Georgina avait dans sa bourse 25 fr.; elle a acheté un jeu de patience de 4 fr., un atlas de 5 fr., une poupée de 6 fr. Il lui reste deux pièces d'or d'égale valeur. — Combien chaque pièce vaut-elle de francs? — Quelle est la première opéra-tion que vous avez faite? — Quand est-il *nécessaire* de faire cette opération? — Quel nom donnerez-vous au *résultat* de la seconde opération? — Que vous fait connaître ce *résultat*? — Comment avez-vous fait pour savoir quelle est la valeur de *chaque* pièce d'or?

94. On partage également 20 plumes entre 4 élèves. — Combien chaque élève reçoit-il de plu-mes? — Doublez le nombre de plumes à partager. — Faites un nouveau partage de ce nombre entre les quatre élèves. — Quelle est, cette fois, la part de chacun? — Lorsque le groupe à partager est doublé, que devient *chaque part*?

95. On a distribué également 24 bonbons entre 3 enfants. — Combien chaque enfant a-t-il reçu de bonbons? — Quadruplez le nombre de bonbons et partagez-les également entre le même nombre d'enfants. — Qu'est devenue chaque part dans ce partage? — Quand on quadruple le nombre à par-tager, que devient chaque part?

96. Un jour en passant devant la boutique d'un libraire, je vis des livres à 3 fr. pièce; je donnai

au marchand 18 fr. que j'avais dans ma poche. — Combien m'a-t-il remis de livres pour mon argent? — Si j'avais payé les livres un par un, combien de fois aurais-je donné 3 fr? — Par quel chiffre est représenté ce nombre de fois, dans l'opération que vous avez faite?

97. Maman a dépensé 120 fr. par mois pour sa nourriture et celle de mon père. — Combien a coûté la nourriture de chaque personne par mois, par semaine, par jour? — S'il y avait eu trois personnes à nourrir avec la *même somme*, combien aurait coûté la nourriture de chaque personne par mois? — Et par semaine?

98. La petite Julie est venue un jour à la classe avec 40 pastilles de chocolat. Elle en a mangé 10 et a partagé le reste également entre 5 de ses compagnes. — Combien chaque enfant a-t-elle reçu de pastilles? — Si Julie avait eu 8 pastilles de plus à partager entre ses cinq compagnes, et qu'elle eût fait les parts égales, que lui serait-il resté après le partage?

99. Un papetier a 12 boîtes de plumes à vendre. Chaque boîte contient 160 plumes et est vendue 2 fr. — Combien le marchand reçoit-il d'argent? — Combien y a-t-il de plumes dans toutes les boîtes *ensemble*? — Si l'on partage le contenu d'une boîte entre 7 enfants, et qu'on donne une part égale à chacun, combien restera-t-il de plumes dans la boîte

100. La pendule de ma chambre est en retard de 18 minutes; en ce moment, il est midi 27 minutes; quelle heure marque la pendule de ma chambre? Quelle opération faut-il faire pour le savoir? — Si au lieu de retarder de 18 minutes elle avançait d'autant, quelle heure marquerait-elle en ce moment? Quelle opération faut-il faire cette fois pour répondre à la question?

FRACTIONS

Que ce mot n'effraie personne. Il ne s'agit, avons-nous dit, que de faire bien saisir les principes de la décomposition et de la recomposition de l'unité. Les opérations plus complexes sur les fractions sont réservées, et ces petits exercices leur serviront de préparation.

Les opérations sur les fractions décimales étant plus faciles, il est assez naturel de commencer par elles. Pourtant, cette manière de procéder a trop souvent l'inconvénient de faire croire aux enfants que les fractions décimales sont d'une nature différente de celle des autres. Celles-ci étant dites : *fractions ordinaires*, les fractions décimales ont l'air d'être des *fractions extraordinaires*.

Il importe d'éviter une telle confusion. Les fractions décimales, comme chacun sait, sont des fractions ordinaires, très-ordinaires. Elles sont *un cas particulier plus simple* dans le cas général. Elles ont, comme toutes fractions possibles, deux *termes* : un *numérateur* et un *dénominateur*. Elles peuvent s'écrire et s'écrivent parfois sous la forme ordinaire, avec les deux termes exprimés. Elles ne diffèrent donc des autres fractions qu'en ce que la nature de leur dénominateur permet de simplifier les opérations, et en ce qu'on a imaginé une manière abrégée et conventionnelle de les écrire. Tout le monde sait cela; mais souvent on oublie de le dire aux enfants.

Tous ces inconvénients sont écartés, si un enseignement préparatoire sur la nature des fractions, tel enseignement auquel correspond cette série d'exercices a été donné au préalable.

Alors on peut commencer le calcul des fractions par celui des fractions décimales, plus simples, sans courir le risque d'une fâcheuse confusion.

Faites toujours écrire avec les signes, et en indiquant la nature de l'unité partagée, le rôle des deux termes : *numérateur* et *dénominateur*.

Nombre de parties prises

$$\text{Numérateur} \quad : \quad \frac{1}{4} \text{ de pomme.}$$
$$\text{Dénominateur} :$$

Nombre de parties contenues dans l'entier.

Pour les premiers problèmes surtout, il importe d'effectuer en réalité le partage de l'objet en question. Plus tard, l'enfant l'imaginera seulement.

———

1. Jules, coupe un morceau de cette pomme et mange-le. — As-tu mangé un entier? — Quel nom

7.

donnes-tu, en calcul, à la part de ...
... mangées ? ...

2. Voici une poire. J'en donne une ...
Louise. — Comment appellerons-nous ...
de poire que j'ai donnée ? — Donnerons ...
même nom au reste de la poire ?

3. Georges, en se promenant le long d'un ...
vit tomber une pomme d'un pommier ; il ...
massa, coupa le morceau gâté, qu'il jeta ...
jeta, puis il mangea le reste. — Georges ...
mange un entier ou une fraction ? ... Une fraction ...
est-elle toujours plus petite qu'un entier ?

4. Le parrain de Geneviève et de Jean ...
un jour deux brioches, et en donna une à ...
enfant. Geneviève mangea sa brioche tout ...
mais Jean, qui était malade, prit seulement ...
morceau de la sienne et garda le reste pour le ...
demain. — Montrez, avec ces deux brioches ...
part que chaque enfant a mangée. ... ...
parts mangées, laquelle représente un ...
Qui a mangé une fraction plus ...
des deux enfants a mangé le plus grand ...
de brioche ? ...

5. Lucien allait à l'école avec son père ...
La maman mit un jour dans le panier ...
pour les deux enfants. À l'heure du ...
coupa la pomme en deux parties égales ...

une à son frère et garda l'autre pour lui. — Quel nom donnez-vous à la fraction de poire que chaque enfant a mangée? — Si vous réunissez les deux moitiés de poire, que trouverez-vous? — Combien y a-t-il de moitiés dans un entier?

6. Une maîtresse promit à ses élèves de faire dessiner sur le papier ceux qui réussiraient le mieux un dessin sur l'ardoise. Trois des élèves méritèrent cette récompense. La maîtresse prit une feuille de papier, la partagea en trois parties égales et en donna une à chaque enfant. — Comment s'appelle la fraction de feuille de papier sur laquelle chaque enfant a dessiné? — Faites comme la maîtresse, puis ajoutez les trois morceaux de papier à la suite l'un de l'autre. Que retrouvez-vous? — Combien y a-t-il de tiers dans un entier?

7. Octavie a quatre poupées; elle veut faire à chacune une ceinture d'égale longueur avec un ruban bleu; elle vous prie de faire le partage. — En combien de parts allez-vous diviser le ruban? — Quelle fraction du ruban formera chaque ceinture? — Étendons toutes les ceintures à la suite l'une de l'autre; retrouvons-nous la longueur entière du ruban? — De combien de quarts se compose le ruban entier?

8. Cinq enfants se partagent également un gâteau. Faites la part de chacun — Par quel nom

désignez-vous la part faite? — Montrez comment feront les enfants s'ils veulent reformer le gâteau entier. — Combien y a-t-il de cinquièmes dans le gâteau entier?

9. Adèle voulait faire un dessin avec 6 bâtonnets, mais elle n'avait qu'une longue baguette de jonc. Savez-vous ce qu'elle fit? Elle divisa sa baguette en six parties égales. — Faites comme Adèle avec cette baguette que voici. — Comment appelez-vous chaque partie de la baguette?—Rapprochez bout à bout les six parties de la baguette; retrouvez-vous la longueur entière de la baguette? — Combien y a-t-il de sixièmes dans un entier?

10. Un instituteur fit mettre de la terre végétale dans un endroit de la cour de récréation, puis il partagea également ce petit terrain en sept parts égales pour faire des jardins destinés aux élèves studieux.

Quelle fraction du terrain possédera chaque élève? — Combien y a-t-il de ces fractions dans le terrain entier?

11. Une orange est partagée également entre 8 enfants. — Quelle fraction de l'orange représente chaque part? — Combien retrouverait-on de ces parts si on les rassemblait pour refaire l'orange entière?

12. Une feuille de papier est divisée également en neuf bandelettes.—Quelle fraction de la feuille

représente une bandelette? — Combien y a-t-il de neuvièmes dans la feuille entière?

13. Combien y a-t-il de moitiés, de tiers, de quarts, de cinquièmes, de sixièmes, de septièmes, de huitièmes, de neuvièmes dans un entier?

14. A quoi sont égales les fractions qui représentent trois tiers de pomme, deux moitiés de poire, quatre quarts de galette, cinq cinquièmes de figue?

15. Un petit garçon avait un bâton de sucre de pomme. Il le partagea en six morceaux et en donna quatre parts à ses camarades. — Écrivez la fraction qui représente la quantité du bâton de sucre de pomme que l'enfant a donnée.

Numérateur.
Nombre de parties prises.

4

6.

Dénominateur.
Nombre de parties contenues
dans l'entier.

Quel est le terme de la fraction qui indique en combien de parties a été divisé l'entier? — Quel est le terme qui indique combien on a pris de ces parties?

16. Si vous partagez une bande de papier en sept parties égales, et que vous preniez quatre de ces parties, par quelle fraction représenterez-vous la quantité de papier que vous aurez prise? — Écrivez sous chaque terme de cette fraction ce qu'il exprime.

17. Partagez une bande de papier en cinq parties égales et prenez-en cinq parties. — Écrivez la fraction qui représente cette quantité. — Le numérateur et le dénominateur sont-ils égaux? — A quoi est égale une fraction dont les deux termes sont égaux?

18. Deux enfants voulaient dessiner; mais il n'y avait qu'un crayon pour tous les deux. Le crayon fut coupé en deux parties égales, et chaque enfant prit une de ces parties. — Comment s'appelle chaque partie du crayon? — Écrivez la fraction qui représente cette partie. — Écrivez en face de chaque terme le mot qui désigne sa fonction.

19. J'ai une feuille de papier pour couvrir quatre livres d'égale grandeur. — En combien de parties dois-je diviser ma feuille de papier? — Écrivez la fraction qui représente chacune des parts que j'ai faites. — Qu'est-ce que le numérateur exprime? — Que signifie le dénominateur? — A quoi est égale cette fraction?

20. Combien un entier vaut-il de huitièmes, de quarts, de tiers, de moitiés, de cinquièmes, de septièmes, de neuvièmes, de sixièmes?

21. Partagez cette noix en quatre parties égales ; donnez-en deux parts à Lucien et deux parts à Paul. — Combien ont-ils de parts tous les deux ensemble ? — Quel nom donnez-vous, en calcul, à ces parts ? — Comment ferez-vous pour reformer la noix entière ? — Combien trouverez-vous de parts ?

22. Émilie avait une orange dans son panier. Elle l'a divisée en quatre parties égales et a mangé trois de ces parties. — Représentez, à l'aide d'une fraction, la quantité d'orange mangée. — Qu'indique le plus petit des deux termes de la fraction ? — Qu'est-ce que le plus grand terme exprime ?

23. Un menuisier veut faire sept règles d'égale longueur dans une tringle de bois. — En combien de parties doit-il diviser la tringle ? — Quel nom donnerez-vous à la longueur d'une règle ?

24. Jeanne, si je te donne à choisir entre deux septièmes et cinq septièmes de gâteau, que prendras-tu ? — Pourquoi choisiras-tu cette part ? — Écris la fraction qui représente la quantité de gâteau que tu as prise. — Écris la fraction qui indique la part de gâteau que tu as laissée. — Explique ce que signifie chacun des termes de ces fractions.

25. Antoine, viens partager ce carré de papier en huit parties égales. Donnes-en trois morceaux à Louis et garde le reste pour toi. — Écris la fraction qui représente la quantité de papier que tu as donnée à Louis. — Écris la fraction qui désigne la quantité de papier que tu as gardée. — Lequel de vous deux a la plus grande part de papier? — Qu'est-ce qui te l'indique?

26. Honorine a mangé les trois cinquièmes d'une tablette de chocolat, et Justine a mangé les deux cinquièmes d'une autre tablette. — Écrivez la fraction qui représente la part de chocolat mangée par Honorine. — Représentez, sous forme de fraction, la quantité de chocolat que Justine a mangée. — Écrivez sous chacun des termes de ces fractions ce qu'il signifie. — Le dénominateur est-il le même dans les deux fractions? Pourquoi? — Le numérateur est-il le même? Pourquoi? — Laquelle des deux enfants a mangé la plus grande quantité de chocolat?

27. Voici trois cordes d'égale longueur. Je coupe celle-ci en sept parties égales, cette autre en huit parties égales, et la troisième en neuf parties égales. Je donne à Hortense deux parties de la première corde, et j'écris au tableau la fraction qui représente cette quantité. Je donne à Éléonore deux parties de la seconde corde, et j'écris la fraction qui représente cette quantité. Je donne à Françoise deux parties de la troisième corde, et je représente aussi cette quantité par une fraction. — Lisez les fractions que je viens d'écrire. — Quelle

est celle de ces fractions qui représente la plus grande quantité de corde? — Pourquoi? — Quelle est celle qui représente la plus petite quantité? — Pourquoi?

28. François, je te donne quatre bandes de papier d'égale longueur. Partage chacune d'elles en huit parties égales. — Donne trois parties de la première bande à Charles, cinq parts de la deuxième bande à Charlotte, six parts de la troisième bande à Blanche, sept parts de la quatrième bande à Désirée. — Écris au tableau les fractions qui représentent la part de chaque enfant. — Quelle est celle de ces fractions qui indique la plus petite quantité? — Quel terme de la fraction fait reconnaître que c'est la plus petite quantité?

29. Justin, viens partager ce biscuit en deux parties égales; cet autre biscuit en quatre parties égales. — Prends un morceau du premier biscuit. — Écris la fraction qui en exprime la quantité. — Prends un morceau du deuxième biscuit. — Représente cette seconde quantité par une fraction. — Quelle est, parmi ces deux fractions, celle qui désigne la plus grande quantité de biscuit? — Qu'est-ce qui te l'indique?

30. Voici deux bâtonnets d'égale longueur. Eulalie, viens partager un de ces bâtonnets en six parties égales, et prends une de ces parties. — Écris la fraction qui représente cette quantité. —

Partage maintenant l'autre bâtonnet en trois parties égales et prends une de ces parties. — Écris la fraction qui représente cette quantité. — Des deux fractions écrites, quelle est celle qui exprime la plus petite quantité ? —

51. Mesurez une bande de papier de la longueur d'un mètre; partagez-la en dix parties égales. — Comment s'appelle chaque partie ? — Combien y a-t-il de dixièmes dans la bande entière ? — Prenez trois des parties que vous avez faites. — Écrivez la fraction qui représente ces trois parties. — Quel est le chiffre du numérateur ? — Par quels chiffres est représenté le dénominateur ? — Y a-t-il une autre manière d'écrire une fraction dont le dénominateur est représenté par le nombre 10 ? — Indiquez-la. — A quel rang, après la virgule, met-on le chiffre qui marque les dixièmes ?

52. Pliez une bande de papier en dix parties égales. Prenez un dixième et partagez-le encore en dix parties égales. — Supposez divisés de même chacun des autres *dixièmes*. — Comptez par dizaines les parties de l'entier. — Combien en trouvez-vous dans la bande entière ? — Comment s'appelle chaque partie ? — Combien y a-t-il de centièmes dans un dixième ? — Combien y a-t-il de centièmes dans un entier ? — Quel nom donne-t-on aux fractions de dix en dix fois plus petites que l'unité ?

53. Partagez une bande de papier en dix parties

égales, puis un des dixièmes en dix parties égales.
De cette dernière division prenez huit parties. —
Écrivez la quantité de papier que vous avez prise,
d'abord sous forme de fraction ordinaire, ensuite
sous forme de fraction décimale. — A quel rang,
après la virgule, met-on le chiffre qui représente
les centièmes? — Lisez ces deux fractions. — Le
dénominateur est-il le même?—Pourquoi?—Quelle
différence trouvez-vous dans la manière d'écrire une
fraction ordinaire et une fraction décimale?

54. Je divise sur le mètre, avec un crayon, une
bande de papier en dix parties égales.—Comment
s'appelle chacune des parties que j'ai marquées au
crayon?—Je divise de même un dixième en dix
parties égales. —Si je marque ainsi dix divisions
sur chaque dixième, combien y en aura-t-il dans
la bande entière? — Quel nom donnez-vous à chacune de ces dernières divisions? — Je trace de
même dix divisions sur la longueur d'un centième.
—Si je trace dix divisions sur chaque centième,
combien en aurai-je dans la bande entière? —
Comment appelez-vous chacune de ces dernières
divisions? — Combien y a-t-il de centièmes dans
un dixième? — Combien dans un entier? — Combien y a-t-il de millièmes dans un centième. —
Combien dans un dixième?—Combien dans un entier?

55. Supposez une bande de papier divisée en
mille parties égales. — Prenons huit de ces parties. — Écrivez d'abord sous forme de fraction or-

dinaire, puis sous forme de fraction décimale, la quantité de papier que vous avez prise. — A quel rang, après la virgule, place-t-on le chiffre qui représente les millièmes?

56. Combien un entier égale-t-il de dixièmes? de centièmes? de millièmes? — Que forme la réunion de dix dixièmes, de cent centièmes, de mille millièmes?

57. Que forme la réunion de dix centièmes? de dix millièmes?—Combien y a-t-il de dixièmes dans un entier? — De centièmes dans un dixième?—De millièmes dans un centième?

58. Combien y a-t-il de centièmes dans deux dixièmes? — Dans trois dixièmes? — Dans quatre dixièmes? — Dans cinq dixièmes?

59. Combien y a-t-il de millièmes dans deux centièmes? — Dans trois centièmes? — Dans dix centièmes?

40. Écrivez la fraction trois dixièmes. — Que mettez-vous pour tenir la place des entiers? — Pourquoi?

41. Écrivez le nombre cinq entiers deux dixièmes. — Comment séparez-vous la partie entière de la partie décimale? — Combien avez-vous de chiffres à la partie décimale?

42. Écrivez le nombre vingt-six entiers quatre-vingt-quatre centièmes. — Combien avez-vous de chiffres à la partie décimale ? — Que représente le premier chiffre à droite de la virgule ? — Que représente le deuxième chiffre ?

43. Écrivez le nombre six cent trente-sept entiers deux cent quarante-cinq millièmes. — A quel rang, après la virgule, est placé le chiffre qui représente les millièmes ? — Quel chiffre occupe l'ordre des dixièmes ?—Quel chiffre occupe l'ordre des centièmes ?

44. Écrivez le nombre trois entiers quatre-vingt-quinze centièmes. — Combien y a-t-il de dixièmes en plus des entiers ? — Combien de centièmes en plus des dixièmes ?

45. Écrivez le nombre six entiers sept cent trente-huit millièmes. — Combien y a-t-il de dixièmes *en tout*? — Combien de dixièmes dans la partie décimale? — Combien de centièmes *en tout* dans la partie décimale? — Exprimez la partie décimale en millièmes?

46. Écrivez le nombre neuf entiers soixante-seize centièmes. — Combien y a-t-il de dixièmes, de centièmes dans ce nombre *tout entier*?

47. Lisez les *nombres fractionnaires* suivants, en énonçant d'abord la partie entière, puis séparément chaque ordre de la partie décimale.

3,6	9,40	6,04
5,003	4,78	69,736
52,045	67,800.	7,303

48. Lisez les *nombres fractionnaires* suivants, en énonçant d'abord la partie entière, puis le nombre de dixièmes, de centièmes et de millièmes contenus dans *toute* la fraction décimale.

549,457   678,309   47,738.

49. Lisez les nombres fractionnaires suivants, en énonçant les dixièmes et les centièmes

3,49   7,66   8,19   2,07.

50. Qu'est-ce qu'un dixième, un centième, un millième, *par rapport* à un entier? — Qu'est-ce qu'un centième, *relativement* à un dixième? — Qu'est-ce qu'un millième, *relativement* à un centième?

FIN.

PARIS. — IMPRIMERIE CL. ELOT, RUE BLEUE, 7.